FASHION ILLUSTRATION

| 服装设计必修课 |

服装设计效果图水彩手绘表现基础教程

余子砚 —— 著

電子工業出版社
Publishing House of Electronics Industry
北京·BEIJING

图书在版编目（CIP）数据

服装设计效果图水彩手绘表现基础教程 / 余子砚著. -- 北京 : 电子工业出版社, 2020.5

（服装设计必修课）

ISBN 978-7-121-38792-0

Ⅰ. ①服… Ⅱ. ①余… Ⅲ. ①服装设计－效果图－绘画技法－教材 Ⅳ. ①TS941.28

中国版本图书馆CIP数据核字(2020)第047000号

责任编辑：赵英华
印　　刷：北京宝隆世纪印刷有限公司
装　　订：北京宝隆世纪印刷有限公司
出版发行：电子工业出版社
　　　　　北京市海淀区万寿路173信箱　　邮编：100036
开　　本：880×1230　1/16　印张：11　　字数：285.6千字
版　　次：2020 年 5 月第 1 版
印　　次：2024 年 8 月第12次印刷
定　　价：79.90元

凡所购买电子工业出版社图书有缺损问题，请向购买书店调换。若书店售缺，请与本社发行部联系，联系及邮购电话：（010）88254888，88258888。

质量投诉请发邮件至 zlts@phei.com.cn，盗版侵权举报请发邮件至dbqq@phei.com.cn。

本书咨询联系方式：（010）88254161～88254167转1897。

前言 PREFACE

服装设计效果图既是设计师设计构想的图形化表达，也是当代记录人们衣着方式的一种艺术化表现形式。我喜欢用水与色，不着一线地表达出这些服饰与人物所呈现出的“衣生活”面貌。

在这本书编写的伊始，我结合了近年服装设计效果图绘制与教学的心得，将全书划分成入门、初阶与进阶三部分，并通过服装设计效果图的概论与体系结构、绘制工具推荐、人物造型与比例、材质表现步骤几个板块进行诠释。“如何逐步构建出扎实的服装设计效果图绘制技法与造型能力”是连接各个章节的主线。

水彩技法一直是服装设计效果图绘制中的难点，很多初学者困惑于水分的控制与色彩的丰富度。本书结合专业水彩技法基础知识，在各个范例的绘制步骤中，详细讲述绘制方法，从技法层面明晰水彩的运用原理与技巧。

水彩颜料选购色卡、人物动态造型模板、肤色的调配与变化及材质肌理表现分步骤演示，是本书的特色知识点，这些内容可以在很大程度上帮助初学者掌握水彩服装设计效果图绘制的基本技能。

最后需要强调的是，虽然本书为读者提供了较为全面的可借鉴性技法与绘制规律，但是只有在大量的练习中不断熟悉这些规律，才能短期迅速提升绘画能力。希望读者能够在这本书中，体会与感悟到服装设计效果图绘制中你所感兴趣的某些要素，并在这一令人着迷的艺术中创作出属于自己风格的优秀作品。

目录 CONTENTS

CHAPTER 01 服装设计效果图概述 / 001

CHAPTER 02 服装设计效果图绘制工具 / 005

CHAPTER

03 服装设计效果图人体表现技法 / 019

CHAPTER

04 服装人体的动态分析与模板 / 052

CHAPTER 05 服装设计效果图着装表现与绘制 / 070

CHAPTER 06 服装设计效果图款式绘制技法 / 080

CHAPTER 07 服装设计效果图面料材质表现 / 102

CHAPTER 08 服装配饰绘制表现 / 142

Chapter 01

服装设计效果图概述

1.1 服装设计效果图的定义及分类

1. 定义

服装设计效果图是服装设计方案的图形化表现，在理想化的人体造型基础上，对服饰廓形、比例、结构、材质及色彩进行表现，从而展现出较为全面的着装面貌。服装设计效果图多以全身表现为主，有时为了凸显设计主题的妆容造型与服饰材质细节，也会采用半身人物着装的方式表现。

服装设计效果图多以写实手法进行绘制，这样更利于服饰风貌的体现。尤其是在成衣制作过程中，为了更好地将设计细节传达给版型师，往往会同时提交服装设计效果图与平面款式图。因此，掌握一定的效果图绘制技能，能够最大程度地体现设计思维，是服装设计师所必需的基本技能之一。

2. 分类

服装设计效果图与时尚插画是时装画的两个主要组成部分。虽然创作的主题均以服饰表现为主，但二者的关注点与目的性有着比较大的区别。

服装设计效果图以服饰表现为目的，需要掌握人体造型比例与服饰结构的基本常识，绘制的风格需要较为写实。其包括服装速写、设计草图及服装平面款式图，运用于设计伊始至服饰制作完成的各个阶段。

时尚插画的表现对象与形式则更为自由。时尚插画可以展现全身，也可以展现半身乃至局部，对服饰结构的精准度要求不高，很多部位均可进行简化或弱化处理。大部分的时尚插画师更为注重着装人物妆容、风貌神态或时尚热点的体现。

1.2 学习服装设计效果图绘制的途径

1.2.1 需掌握的知识框架体系

绘制服装设计效果图需要掌握一定的绘画基础，素描、水彩或水粉与速写都是相关联的必备技能。初学者需要在以上三方面进行一定程度与数量的练习，尤其是速写，对于服装设计效果图的人物造型与服饰衣纹表现帮助较大。

基础造型能力培养	→	素描
色彩塑造能力培养	→	水彩或水粉
线条塑造与整合能力培养	→	速写

以炭笔为工具，线条结合素描调子的服装速写，不打草稿，也没有辅助线，需要一气呵成，对线条的归纳和准确度要求较高，是线条练习的主要途径之一。

服装设计效果图线稿，需要具备较为娴熟的速写技能。服装速写与效果图线稿的画面效果近似，不同点在于服装速写要求的绘制时间较短、尺寸不限、注重线条的整合归纳与虚实变化。效果图线稿则要求更为准确，同时绝大部分效果图的尺寸为 8K 或 A4 纸大小。

对服装速写多加练习，可快速提升服装设计效果图的起稿效率。

1.2.2 服装设计效果图的学习进程与方法

服装设计效果图绘制中要关注的知识点较多，画面的效果是由人体比例造型、头面部表现、服饰结构与材质上色多方面决定的。这些要素环环相扣但难易程度又各有不同，服装设计效果图的学习进程最好按照右图所示的五步层级循序进行。

服装人体比例与动态

↓

服装人物头面部细节与手部表现

↓

服装平面款式图（需了解服装结构的基础知识）

↓

人物着装与衣纹分析及表现

↓

服装材质与肌理表现

初学者最好在接触服装设计效果图的伊始，就多临摹服装人体，避免在毫无基础的情况下临摹彩稿，导致产生挫败感。

1.2.3 服装设计效果图的绘制难点

服装人体比例、服装人体动态与分析、面部细节表现和材质表现，并称服装设计效果图的四大绘制难点。其中人体比例与动态是初学者的常见难点，主要的解决方法是多进行范本的临摹练习。到了进阶学习阶段，则面部细节表现与材质表现会成为主要的难点。

服装人体比例

服装人体动态与分析

线稿

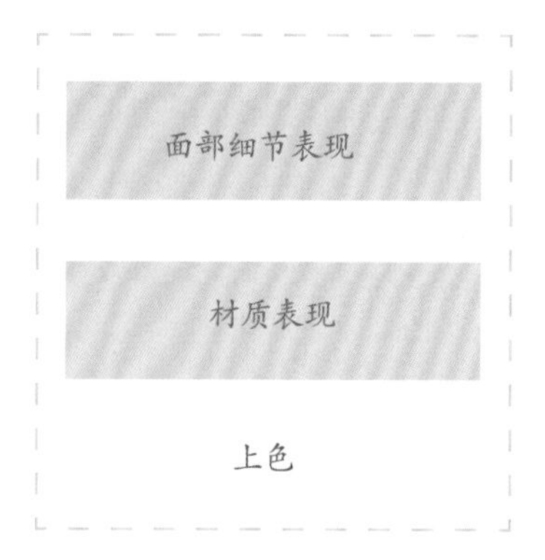

Chapter 02

服装设计效果图绘制工具

2.1 铅笔、炭笔与彩铅

铅笔、炭笔与彩铅是常用的起稿工具。在接触服装设计效果图的伊始，就最好养成使用木杆铅笔的习惯，相对自动铅笔而言，木杆铅笔分量更轻，线条也具有粗细、虚实变化。

2.1.1 常用炭笔型号与色号

炭笔具有一定的可溶性，遇水会产生类似于水溶彩铅的效果。炭笔的运笔粗细、虚实变化较大，线条不易涂改擦除，需要尽可能一气呵成。所以说，如果要提升绘画的线条力度与熟练度，推荐大家多做炭笔服装速写练习。

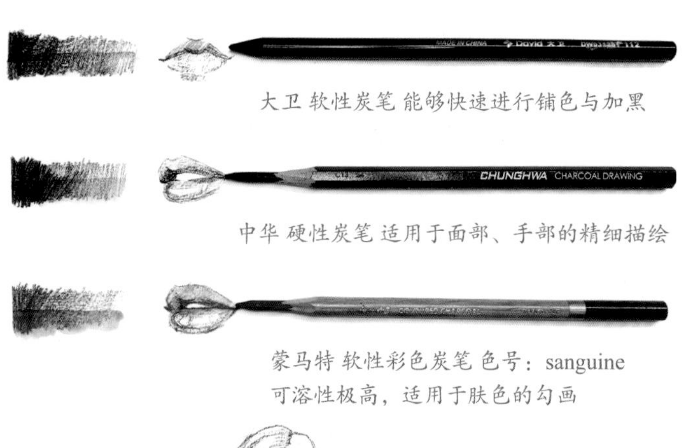

大卫 软性炭笔 能够快速进行铺色与加黑

中华 硬性炭笔 适用于面部、手部的精细描绘

蒙马特 软性彩色炭笔 色号：sanguine
可溶性极高，适用于肤色的勾画

用蒙马特彩色炭笔绘制的服装速写

用 14B 铅笔绘制的服装速写

按笔芯软硬程度排列，铅笔型号依次为：10H（最硬，填涂效果最浅）、HB（中性）、14B（最软，填涂效果最深）。我常用的起稿铅笔型号是 H 和 2B，有时也使用 14B 铅笔进行服装速写的练习，能够在较短的时间内塑造出富于层次的画面效果。

2.1.2 水溶性彩铅

水溶性彩铅在服装设计效果图绘制中常与水彩共同使用，对于水彩水分和笔触控制不好的初学者而言是一个比较好的选择。但是水溶性彩铅色彩选择较少，只能通过叠色产生色彩间的调配，且笔触较细，填涂时间较长，一般只在人物肤色起稿时使用。

水溶性彩铅

人物起稿常用的彩铅及色号

马可 水溶性彩铅 色号：635
适用于肤色最深处的勾线

辉柏嘉 水溶性彩铅 色号：476
稍硬一些的彩铅，适用于肤色起稿

彩铅非常适合表现皮草质感，进行局部溶解后，能够产生出水彩的通透感。

水溶性彩铅绘制的服装速写

2.2 水彩颜料

2.2.1 水彩颜料的特性

水彩颜料的特性包括：通透性（透明度）、延展性和稳定性，是判断水彩颜料好坏的三个关键因素。

通透性指的是色彩的透明度。水彩画是通过色块与色块的重叠而产生独特美感，填充物越少，色料含量越高，则色彩的通透感就越强。

延展性指的是颜料在纸面上的扩散度。好的水彩颜料在保证色彩鲜艳的同时，遇水很容易就会产生颜色晕染的效果。这是由色料的研磨颗粒大小决定的，研磨次数越多，色料颗粒越小，颜料的扩散度就越高。

稳定性也称耐光度，指的是作品完成后，是否在氧化和光照中产生褪色和分解。矿物质色料在色彩的鲜艳度和稳定性上要远高于人工合成色料。一般在购买的时候，色号后会标明 HUE 字样，就说明该颜料是人工色料的替代色。

对于初学者而言可以选择平价品牌里带有“艺术家级”字样的购买，性价比会比较高。

2.2.2 水彩颜料的种类

管装水彩、固体水彩是常见的水彩颜料种类。前者随挤随用，不用担心色彩会氧化发灰；固体水彩价格较高，颜色更为浓缩，便于携带。推荐初学者购买性价比较高的管装水彩。

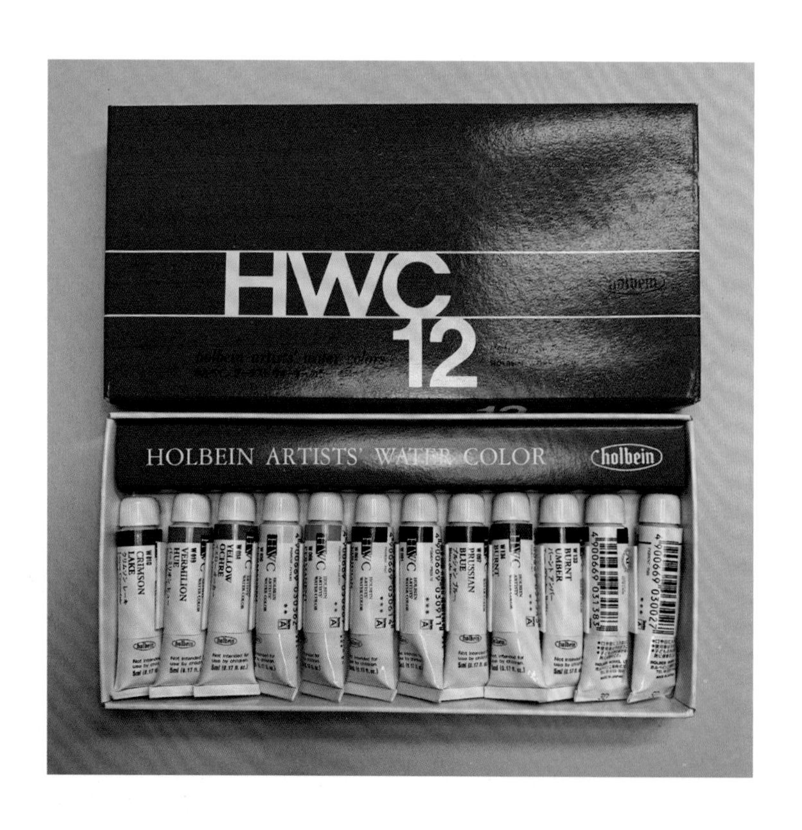

5ml 管装 12 色荷尔拜因艺术家水彩适合有一定基础的进阶者使用

丹尼尔史密斯水彩
15ml/支
扩散性好，适合进阶者使用

马利艺术家级水彩
7ml/支
适合初学者练习使用

史明克水彩
20ml/支
稳定性好，适合于作品绘制

鲁本斯艺术家水彩
18ml/支
适合初学者使用

美利蓝水彩 15ml/支
色彩透明度高，含胶较多
适合于作品叠色

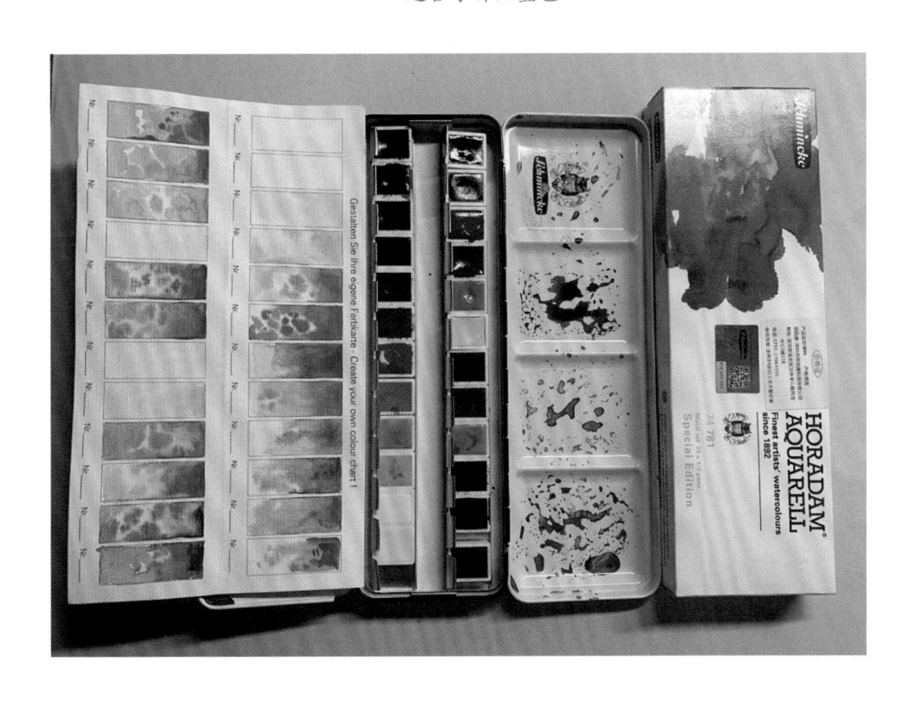

史明克艺术家级固体水彩（24色）
色彩极为艳丽，饱和度高，扩散性、稳定性强，非常适合于作品绘制

2.2.3 单支管装水彩颜料推荐色

服装设计效果图的色彩运用不同于常见的水彩风景画，大地色系和绿色系使用频率较低，购买单支管装水彩是一个不错的选择。

下页图中列举了绘制服装设计效果图常用的 11 种颜色。

下页图蓝框内为色相近似的四组色彩。框内上方色彩为较为平价的替代色，下方色彩为推荐色。

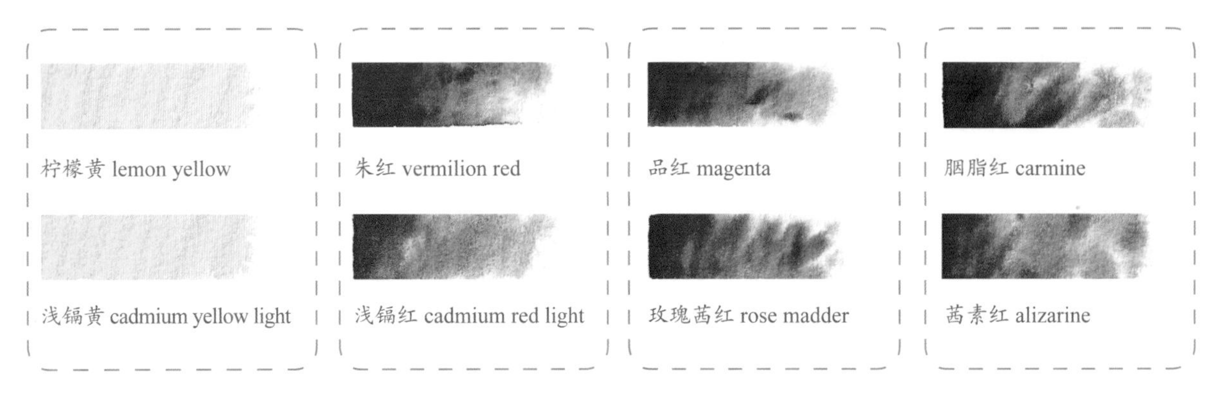

柠檬黄 lemon yellow

浅镉黄 cadmium yellow light

朱红 vermilion red

浅镉红 cadmium red light

品红 magenta

玫瑰茜红 rose madder

胭脂红 carmine

茜素红 alizarine

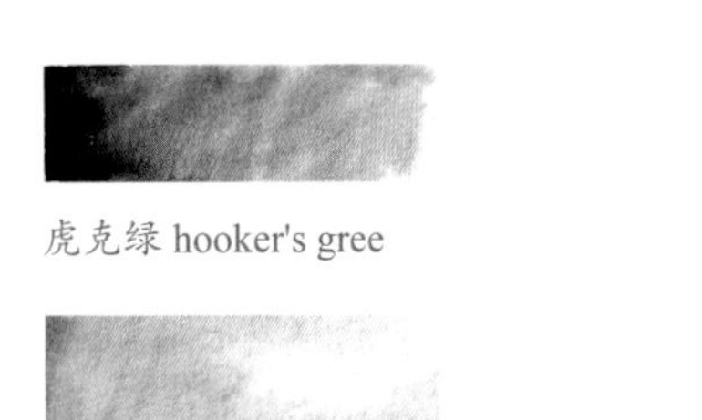

虎克绿 hooker's gree

天蓝 cerulean blue

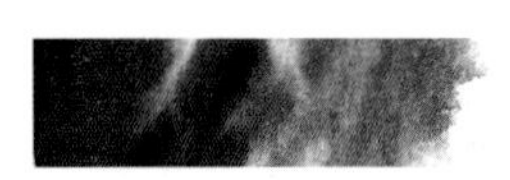

紫红 purple red

靛蓝 indigo

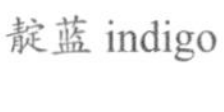

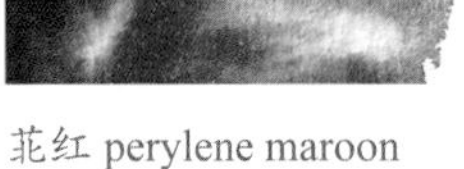

苝红 perylene maroon

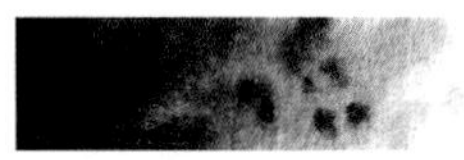

象牙黑 ivory black

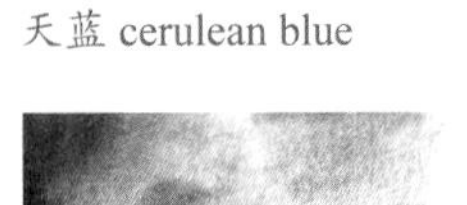

群青 ultra marine

2.3 水彩调色盘

大号塑料调色盘是比较推荐使用的，可以大地色系、红色系、黄色系、绿色系、蓝色系和灰黑色系的顺序排放颜料。

调色盘中的颜料不宜一次挤得过多，应尽量避免灰尘的混入与颜料氧化，每次使用之前都要在颜料上喷水润湿。

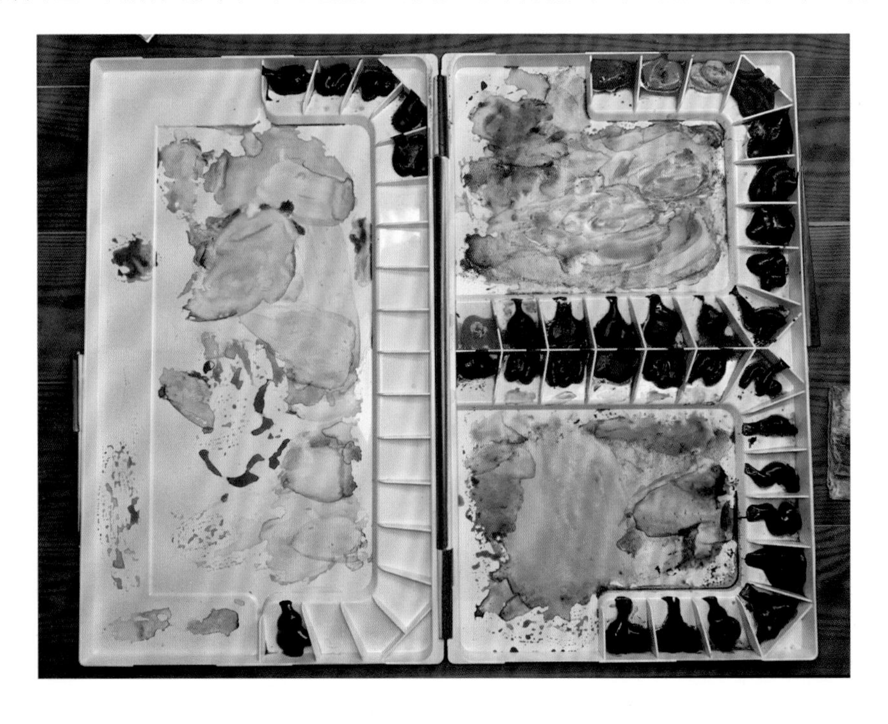

2.4 水彩笔

水彩笔的种类

按笔触形态分为：圆头、扁圆（猫舌状）、平头和扇形。

按笔锋材质分为：动物毛与人造毛。

动物毛画笔包括：羊毛、松鼠毛、狸毛和狼毫（也称貂毛或黄狼尾）。其中羊毛、松鼠毛画笔笔锋较软，笔锋聚拢力与弹性差，储水量大，一般适合于大面积平涂和背景氛围的渲染。然而狼毫画笔笔锋聚拢具有弹性，储水量适中，价格稍贵，是服装设计效果图绘制的首选画笔。狸毛画笔具有良好的储水量，笔锋弹性接近狼毫画笔（稍逊色），但价格低廉很多，是初学者的首选。

人造毛画笔主要使用尼龙纤维，这种画笔的价格较低，储水量少，笔锋虽然极具弹性但容易变形。

水彩画笔的规格

水彩笔的笔锋型号一般从小到大排列，常用的型号为：2 号、4 号与 8 号。

大面积铺色用笔及笔触形态

Sunway 20 号狸毛圆头水彩笔
兼具松鼠毛与狼毫的特点且价格较低

达·芬奇 428 1 号貂毛圆头水彩笔
笔锋弹性与聚拢力极好，大面积铺色与细节刻画均可使用，但价格较高

华虹 948 4 号尼龙毛平头画笔
适用于凸显笔触感的铺色

塑造用笔及笔触形态

在大面积铺色后，进行明暗面划分的形体塑造。这类画笔笔锋大小适中，是服装设计效果图绘制过程中使用最多的，绘制时多选择 4 ~ 6 号。

Escoda 6 号雕花杆貂毛圆头水彩笔
笔锋聚拢，富于弹性，价格适中

蒙马特 4 号扁圆锋黄狼尾水彩笔
笔触变化丰富、弹性好，耐用且价格低廉

Escoda 4 号短杆松鼠毛水彩笔
储水量多，适合混色，便于携带

细部用笔及笔触形态

主要运用于服装设计效果图面部塑造、画面肌理的加深与提亮，一般使用圆头貂毛画笔，这个阶段对画笔的要求最高。

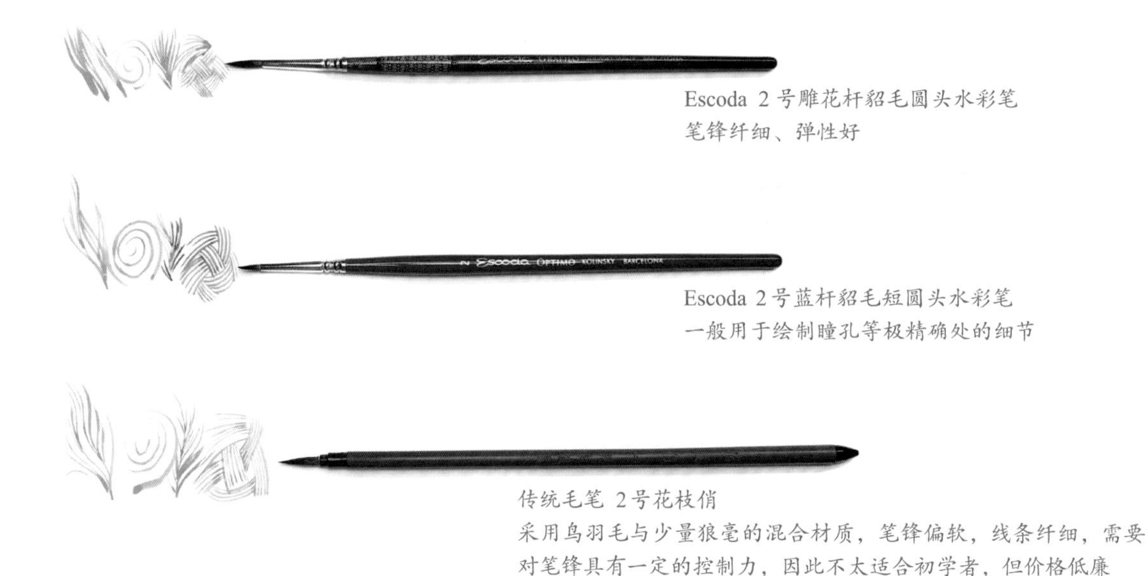

Escoda 2号雕花杆貂毛圆头水彩笔
笔锋纤细、弹性好

Escoda 2号蓝杆貂毛短圆头水彩笔
一般用于绘制瞳孔等极精确处的细节

传统毛笔 2号花枝俏
采用鸟羽毛与少量狼毫的混合材质，笔锋偏软，线条纤细，需要对笔锋具有一定的控制力，因此不太适合初学者，但价格低廉

水彩笔的保养与更换

水彩笔一般价格较高，在使用过程中最好将画笔平放，长久泡在洗笔筒里会造成笔锋变形无法使用。有些画笔的耐用性不佳，使用一段时间以后，笔锋不再尖锐，这时要及时更换画笔。

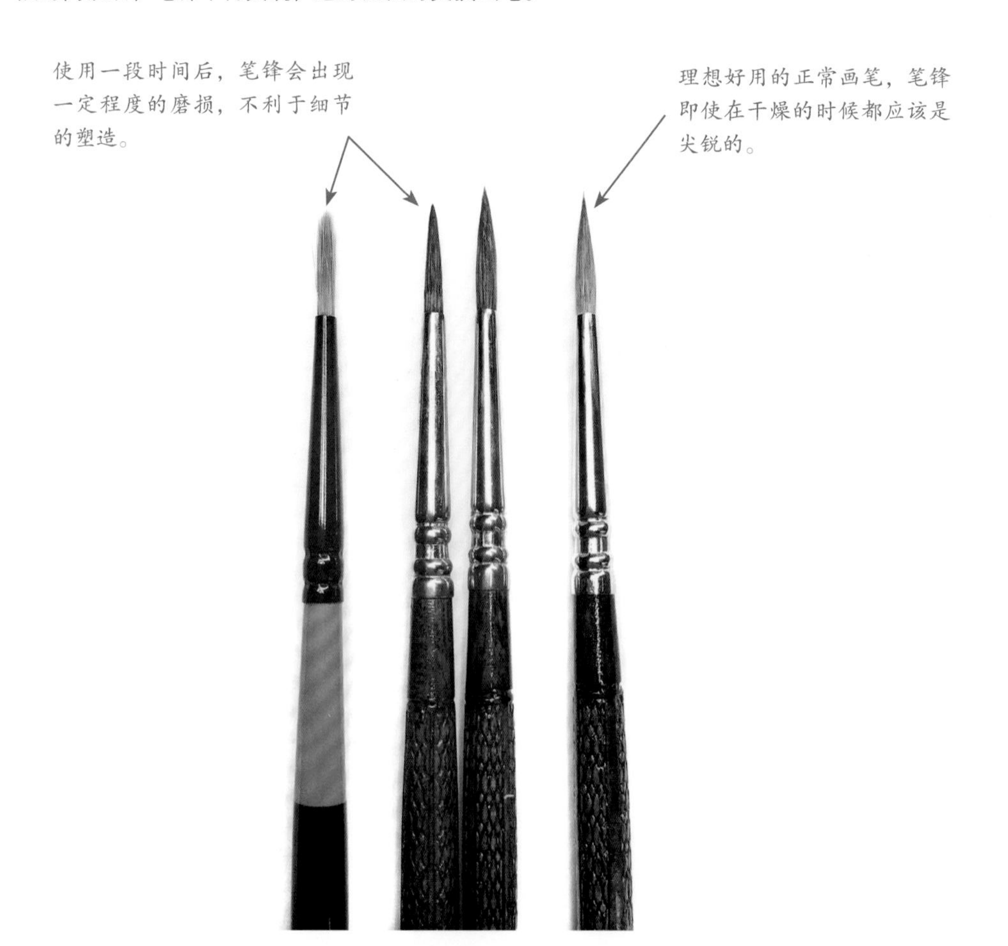

使用一段时间后，笔锋会出现一定程度的磨损，不利于细节的塑造。
理想好用的正常画笔，笔锋即使在干燥的时候都应该是尖锐的。

2.5 水彩纸

在水彩画的作画过程中，纸面需要吸收较多的水分，故而对纸张的要求较高。市售的水彩纸种类繁多，可以说每种纸的画面效果都不尽相同，各有特点。选用适合自己的水彩纸，不但可以在很大程度上节省绘制时间和金钱投入，还能够激发足够的绘画愉悦感。

水彩纸的种类

从纸浆的组成来看主要分为木浆纸、棉浆纸与竹浆纸。

木浆纸的纤维较短，画面干燥快。画面笔触与色彩边缘明显，能够展现出简洁明快的画面。木浆纸的纸面较为结实，可以用软性橡皮进行适度擦除，不足之处在于层次感与深入度（色彩的叠深）稍逊，这种纸价格普遍较低，常用的有康颂梦法儿、康颂 1557 等，适用于初学者的日常练习。

棉浆纸纤维较长，干燥较慢，能够最大限度地呈现出画面的层次感、水分感与渲染感。这种纸张价格较高，是理想的水彩服装设计效果图用纸。常用的有宝虹艺术家、山度士获多福和康颂莫朗等。

水彩纸的规格

按厚度来分，基本分为 150g、200g、300g 和 400g，克数越大纸张越厚。服装设计效果图一般使用 300g 水彩纸，有时也会用到 400g 水彩纸。这种厚度更加适合多用水分的水彩画，纸张稳定性较好，不会在打湿的时候出现凹凸不平的情况。

纸张的纹理

水彩纸纹理一般分为细纹、中粗与粗纹。

绘制服装设计效果图一般选用细纹与中粗水彩纸，粗纹肌理不太适用于人物面部的细节刻画。细纹纸，又称为热压纸。有的品牌还推出了超级细纹纸。细纹纸作画难度较高，会明显呈现出作画过程中的运笔、用色，适合有一定基础的进阶者选用。中粗纸，又称冷压纸。纸张的纹理适中，是运用较多的水彩纸，适合初学者。

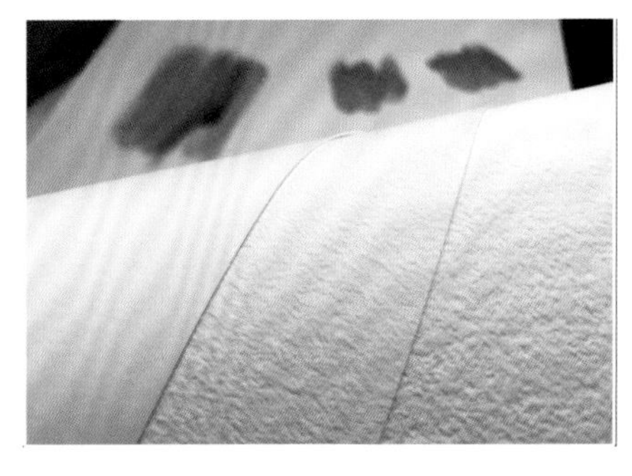

宝虹棉浆水彩纸的纸面肌理，（从左到右）依次为细纹、中粗与粗纹

水彩纸的选购

市售的水彩纸类型分为散纸（单张购买）与四面封胶水彩本。前者价格较低，适合于少量购买，批量练习。后者利于存放，四面封胶能够保证作画过程中纸面的平整，但价格较高，适合于作品绘制。

性价比较高的宝虹艺术家水彩本

“脱胶”的水彩纸

水彩纸的制成工艺特殊，纸张需要加入一定量的胶，用来阻碍水分的吸收，提升纸张对画面水分的承受力。不同品牌的造纸工艺不同。有些品牌的纸张表面施胶较薄，在光照或者潮湿的天气中容易出现“脱胶”的现象，当你发现水分与色彩都不断地被画纸吸收，如同在餐巾纸上作画时，就说明这张纸脱胶了。

脱胶问题是令所有水彩画爱好者头疼的问题，谨慎购买不要囤积，及时把纸张放进密封袋遮光存放。如果在打稿上色的过程中发现画纸脱胶，可以使用水彩纸阻水媒介剂（也称水彩纸赋活剂），与清水进行 1:1 的混合，涂在脱胶的水彩纸上在一定程度上进行补救。

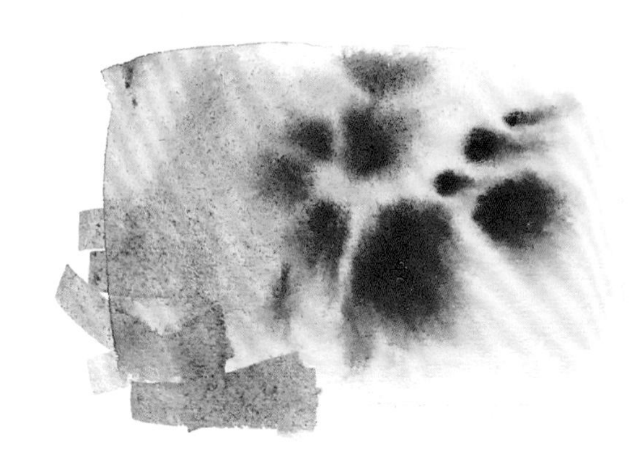

未脱胶的棉浆水彩纸，颜色艳丽，有晕染感，可以重叠加深

不完全脱胶的水彩纸，上色后出现很多较深的点，这些部位已经完全脱胶了，色彩无法晕染和重叠

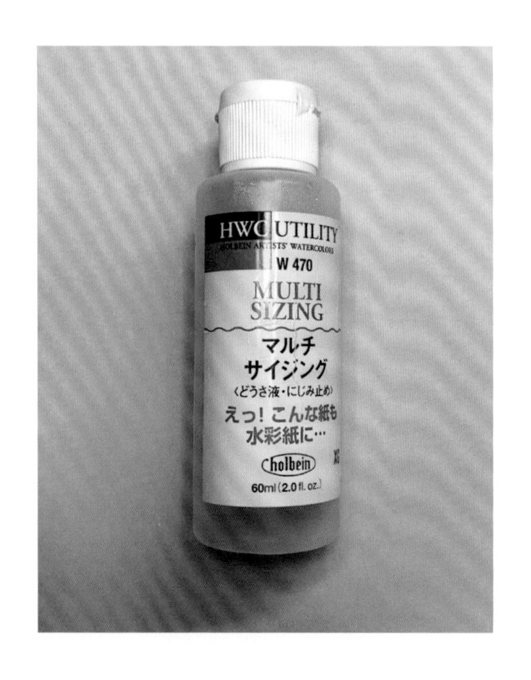

荷尔拜因水彩纸阻吸收剂

与清水以 1:1 的比例薄涂在脱胶画纸上可适度补救

2.6 其他辅助工具

除了常见的水彩颜料，为了增强画面的生动效果与层次感，有时也会用到遮盖液、特殊色与媒介剂。

2.6.1 遮盖液与特殊色

水彩的遮盖性较差，颜色的加深需要色块的不断重叠，浅色部位只需要加入水即可，画面中的高亮（高光）部分往往需要预先留出，若留白区域精细繁多或颜色画出边缘的时候就需要使用遮盖液了。

遮盖液不需要加入额外的水，虽然有的水彩套装也会有白色颜料，但水彩的白色颜料遮盖性较差。

贝碧欧白墨水

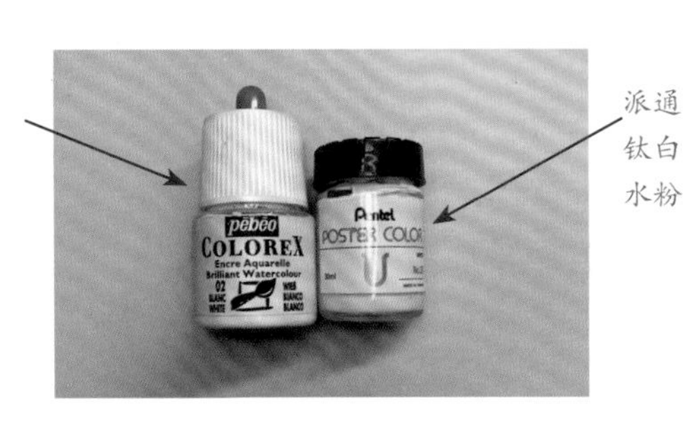

派通钛白水粉

服饰装饰上有时会使用金、银等色彩，用以提亮金属物的高光区域，金银色水彩的遮盖性较差，一般使用金银色墨水进行绘制。

派通浅金色水粉
遮盖性一般，光泽度较好

温莎·牛顿金色与银色绘画墨水
金色颗粒度较大，使用之前需要摇匀

泰伦斯 801 金色绘画墨水
遮盖性强，附着性出众

勾线或渲染用色

水彩颜料的黑色比较透明，遮盖度不足，为了加深画面中的勾勒轮廓线或深色背景晕染，会使用颜彩、彩墨或黑色绘图墨水。

吉祥颜彩黑
颜色浓郁，色彩扩散效果较好

墨运堂绘墨
有六种不同色彩倾向的墨色，类似于固体水彩，但颜色没有透明性，色彩的扩散度不及绘图墨水和颜彩，一般用于重色背景晕染和色彩加深，颗粒度稍大，与水混合稍具有沉淀性。

荷尔拜因绘图水彩 超级黑
色彩晕染扩散度极好，但由于是超级黑，没有色彩倾向，在全彩色画面中容易显得突兀

2.6.2 媒介剂

为了营造某些独特的画面效果或肌理，水彩类画材中还有着多种媒介剂。服装设计效果图绘制中常用的媒介剂有：水彩纸阻吸收剂、阿拉伯树胶和沉淀媒介，下面将详细介绍后两种媒介剂。

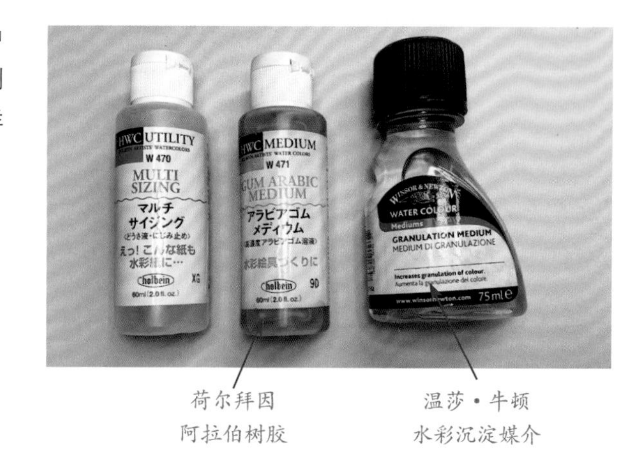

荷尔拜因
阿拉伯树胶

温莎·牛顿
水彩沉淀媒介

阿拉伯树胶

由于色彩的扩散晕开感在从湿到干的过程中变化较大，也许在画纸湿润的时候，颜色刚滴上去的时候画面效果还好，等干燥了，晕开的痕迹就会变弱淡化。出现这样的情况是由于对画纸湿润程度和颜料水分之间的关系控制不佳或者空气潮湿造成的。解决的方法除了娴熟技法，就是使用阿拉伯树胶。阿拉伯树胶是组成水彩颜料的重要成分，为水彩颜料中的色料黏合剂，在湿润的纸面上加入少量阿拉伯树胶，可以阻碍色彩的扩散。但阿拉伯树胶使用过多会导致画面出现清漆一般的裂痕。

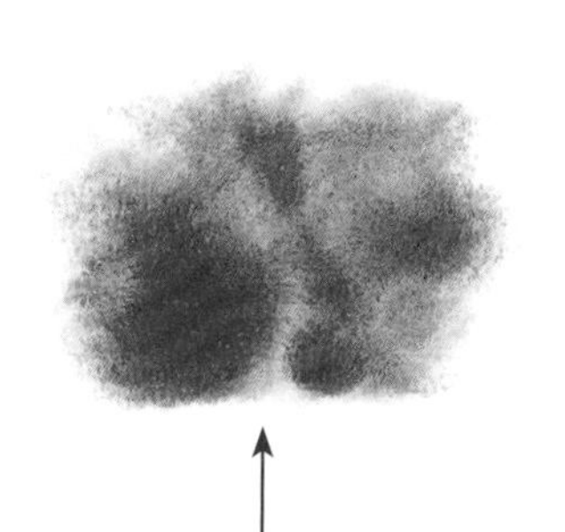

未加入阿拉伯树胶的画面晕染效果。干燥后色彩会发生混合，扩散感变弱。

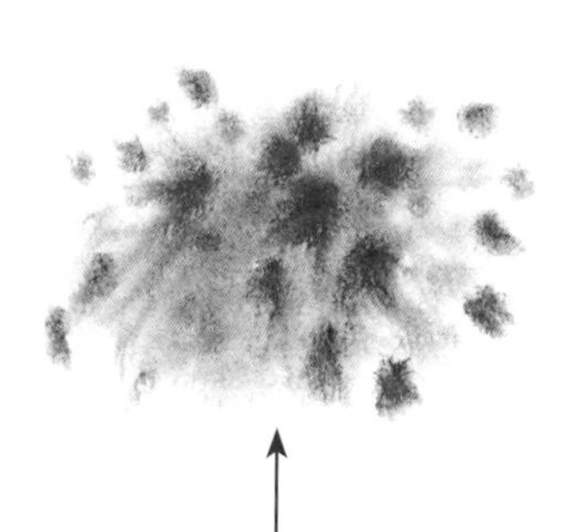

加入少量阿拉伯树胶，进行色彩晕染的效果。干燥后也能保持晕染的最佳状态。

沉淀媒介

当使用群青和赭石色进行调合时，调色盘或者画面上会出现比较大的暗棕色颜料颗粒，这种现象称为水彩颜料的沉淀。沉淀媒介可以在绝大部分色彩间产生这一效果，从而制造出一种类似呢子面料一般的颗粒肌理感。其也适用于画面背景的渲染，强化水色斑斓的效果。使用时，用小吸管将少量沉淀媒介滴在湿润的色彩上，即可产生颜色的沉淀堆积。

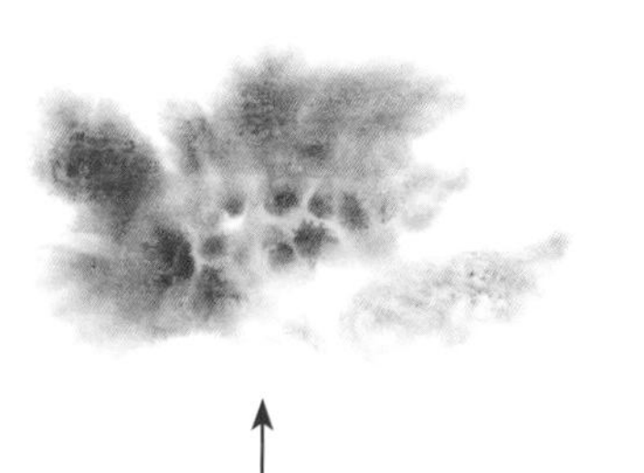

正常的色彩渲染效果。干燥后色彩会变淡均化，绘画感变弱。

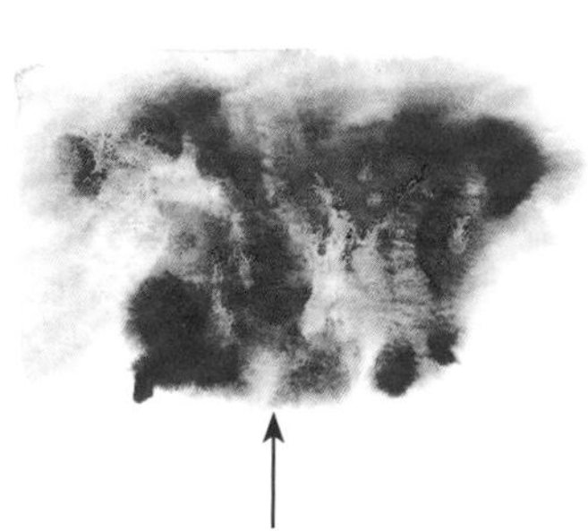

在色彩上滴入沉淀媒介，颜料变成大颗粒沉淀堆积在纸面上，即使在干燥后也会保持色彩浓郁。

2.7 水彩服装设计效果图绘制案例

水彩服装设计效果图的特点与作画方式略不同于马克笔与水粉，用黑色勾线会在视觉上“抢夺”水彩的通透性与层叠感，所以如果能用色彩进行服饰的塑造，是不需要额外勾线的。

范例使用的工具与材料：
纸张：宝虹棉浆水彩纸 中粗 300g
画笔：达·芬奇 ARTISSIMO 428 1号貂毛圆头水彩笔
蒙马特 4号扁圆锋 黄狼尾水彩笔
Escoda 2号雕花杆貂毛圆头水彩笔
颜料：马利艺术家水彩

Step
01

用 2B 铅笔起稿，由于水彩纸表面较为脆弱，无法承受橡皮的反复涂擦，所以初学者需要在绘图纸上画好线稿，再通过拷贝台将线稿转移到水彩纸上。线稿需要尽可能精炼简洁。

Step
02

用红与黄调配出肤色，完成肌肤处浅色与较深部位的绘制。这一步骤肤色可以调得明艳一些，因为水彩干燥后颜色会略微显淡发灰。（用笔：蒙马特 4 号扁圆锋黄狼尾水彩笔）

Step
03

进一步绘制出面部的细节，在面部、小腿的外轮廓线处加入偏紫红的深肤色。（用笔：Escoda 2 号雕花杆圆头貂毛水彩笔）

Step
04

进行服饰铺色，稍干燥后，继续使用原来的颜色在袖子上方与身体两侧叠深一个层次。（用笔：达·芬奇 ARTISSIMO 428 1 号貂毛圆头水彩笔）

Step
05

进一步加深裙摆褶纹，用群青＋黄＋适量水，绘制出领带处的阴影。（用笔：Escoda 2 号雕花杆貂毛圆头水彩笔）

Step
06

用深褐色以极细的线条绘制出服饰领子形态、口袋、扣子与扣眼和裙摆的虚线装饰。完善配饰的绘制。

Chapter 03

服装设计效果图人体表现技法

3.1 服装人体的比例与结构

3.1.1 服装人体的形态特征

为了更好地展现服饰特征，绘制时可以对人体比例形态与结构进行简化与夸张。

抬头挺胸、颈部稍前倾、步幅与手臂摆动较大是服装人体的主要姿态特点。

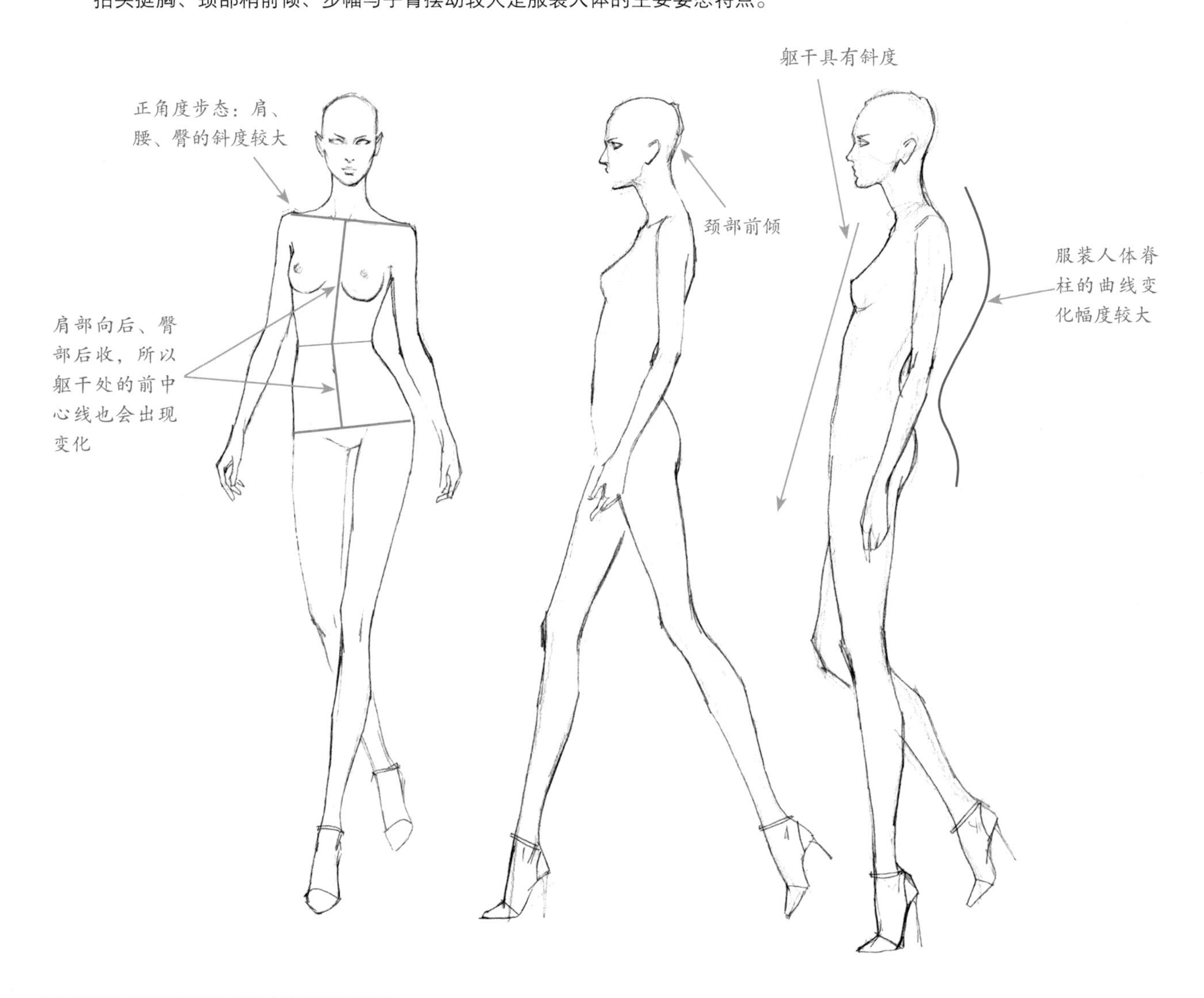

躯干具有斜度
正角度步态：肩、
腰、臀的斜度较大
颈部前倾
服装人体脊
柱的曲线变
化幅度较大
肩部向后、臀
部后收，所以
躯干处的前中
心线也会出现
变化

3.1.2 女性人体结构比例

服装设计效果图中人体比例具有头部较小、上身紧凑、四肢修长的特点。比例的基本单位是头部的长度（以下简称“头长”，也称“头身比”或“头身”）。头长数越多则人物造型越纤细夸张。正常人体比例约为 7.5 头身，服装设计效果图中常用的人体比例以 8.5 和 9 头身居多，在服饰廓形较大的情况下（如加入裙撑的晚装），一般也会选用 11 头身的人体比例。

掌握服装人体比例需要进行一定数量的练习，初学者最好在比例格的基础上按下文所示步骤进行练习或临摹。

1. 8.5 头身人体的绘制

8.5 头身最为接近正常体态，适用于需要与版师沟通进行成衣制作的设计方案。

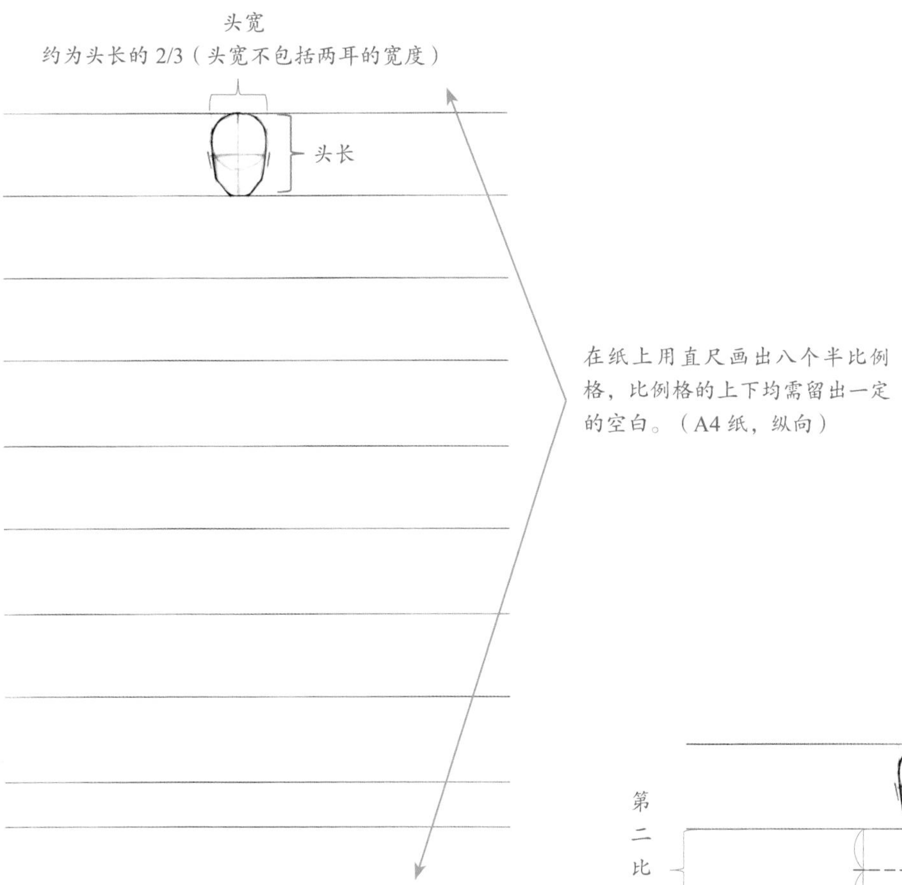

头宽
约为头长的 2/3（头宽不包括两耳的宽度）

头长

在纸上用直尺画出八个半比例格，比例格的上下均需留出一定的空白。（A4 纸，纵向）

颈部底点（颈窝点）

第二比例格

Step 01

1. 绘制比例格。
2. 定出头长与头宽。
3. 画出上为圆形、下为五边形的头部。

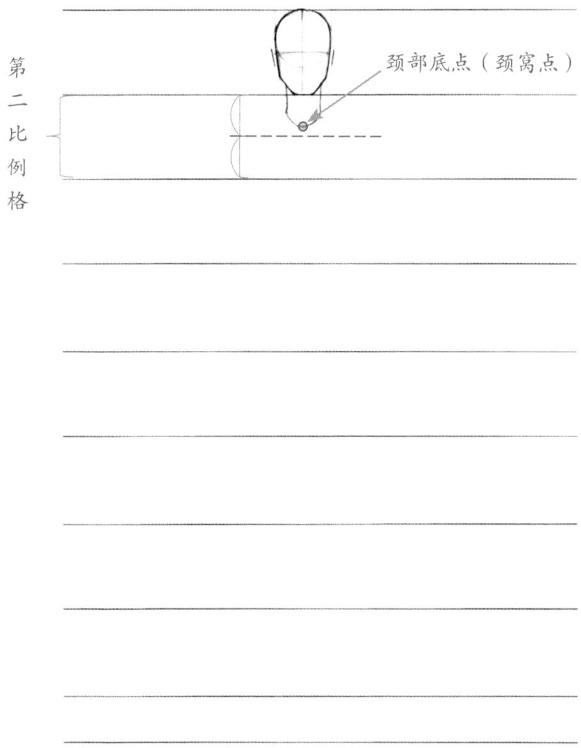

Step 02

1. 将第二比例格两等分，在 1/2 稍上处定出颈部底点。
2. 以头宽的 3/5 为宽度，定出颈部的宽度。
3. 画出上下等宽、底部为圆弧形的颈部。

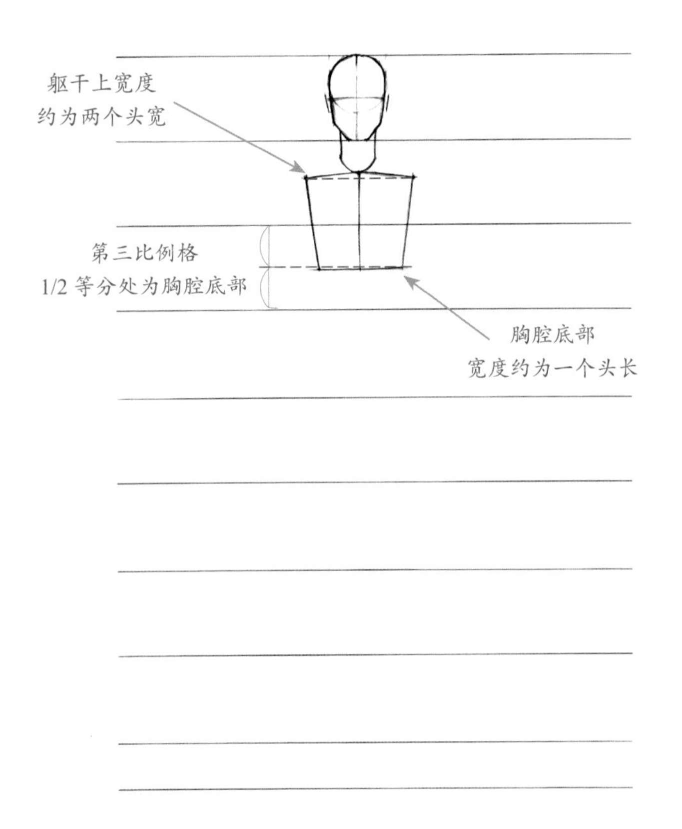

Step 03

1. 以颈部底点为起始点，绘制出躯干上宽度（两个头宽）。
2. 将第三比例格两等分，定出胸腔底部（宽度约为一个头长）。
3. 画出胸腔中心线和两侧斜线。

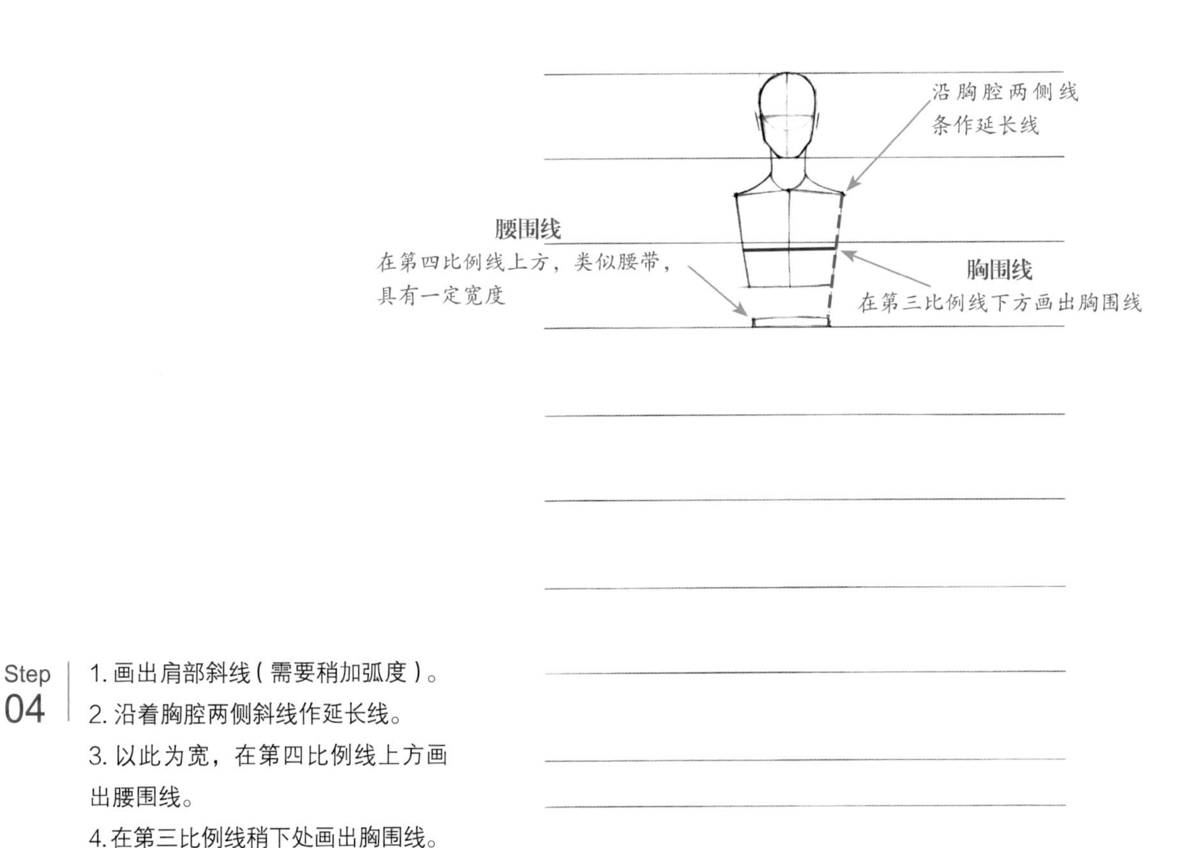

Step 04

1. 画出肩部斜线（需要稍加弧度）。
2. 沿着胸腔两侧斜线作延长线。
3. 以此为宽，在第四比例线上方画出腰围线。
4. 在第三比例线稍下处画出胸围线。

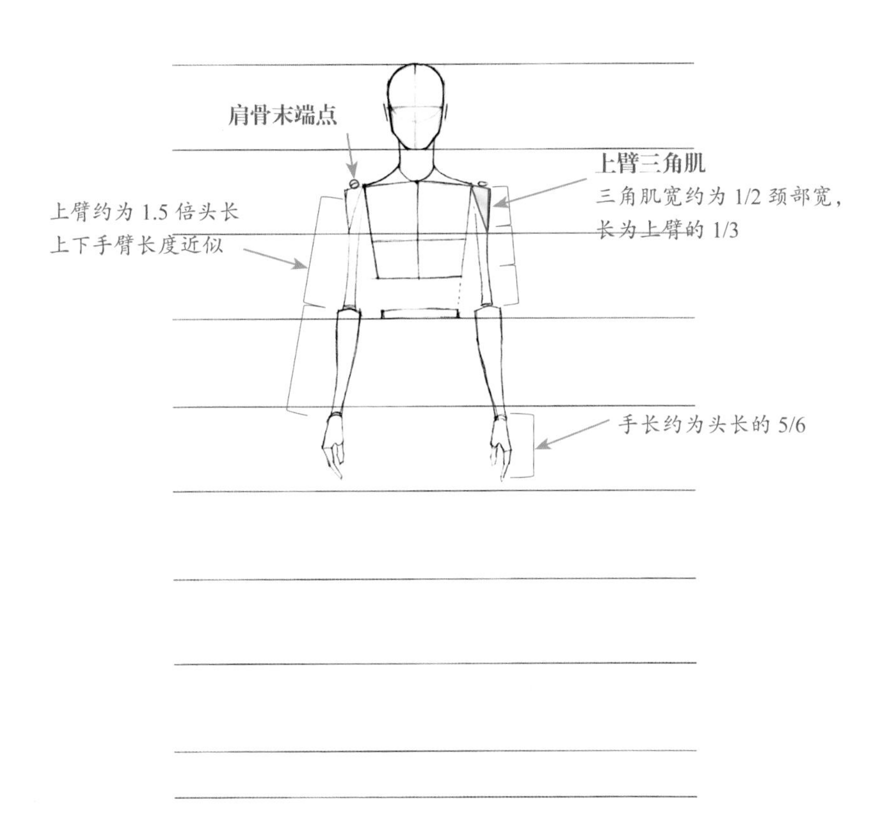

Step 05

1. 在肩斜线两端画出小圆球状的肩骨末端点。
2. 画出手臂。
3. 在上臂上1/3处画出三角肌。
4. 以头长5/6为长度画出手部。

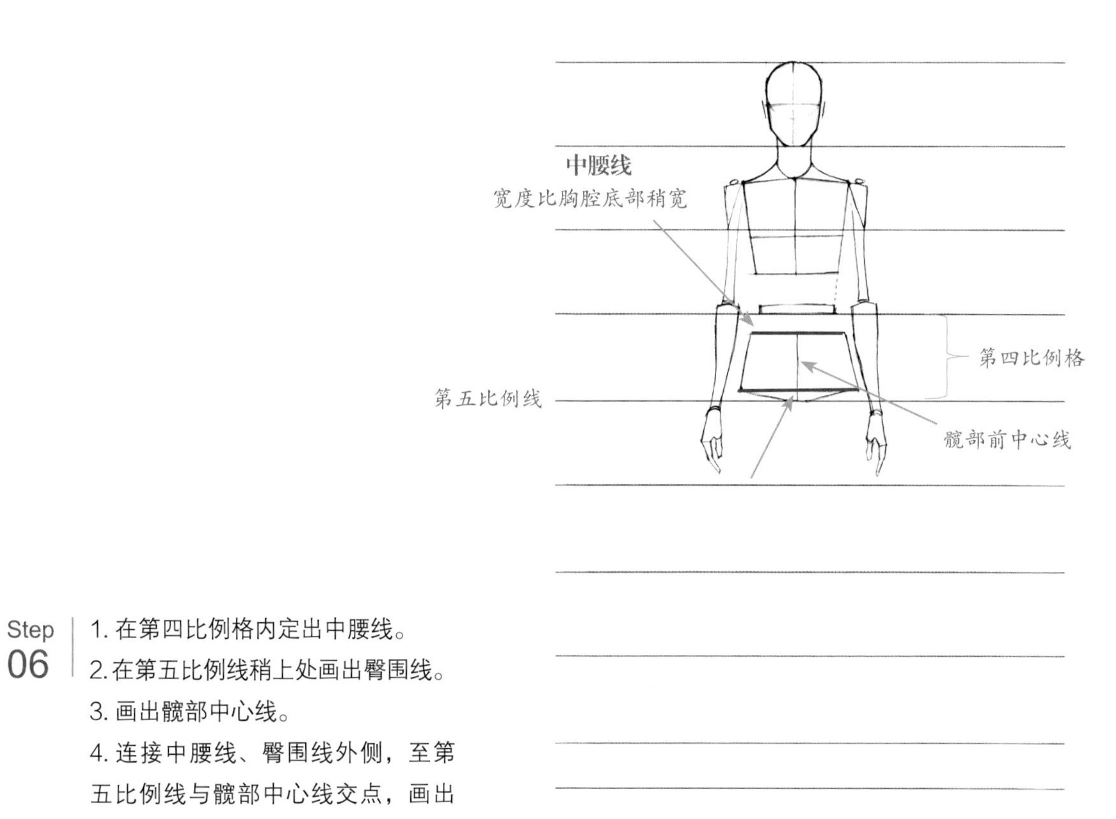

Step 06

1. 在第四比例格内定出中腰线。
2. 在第五比例线稍上处画出臀围线。
3. 画出髋部中心线。
4. 连接中腰线、臀围线外侧，至第五比例线与髋部中心线交点，画出五边形的髋部。

Step 07

1. 以臀围线两端为起始点，画出大腿，至第七比例线上方。
2. 在第七比例线处画出方块形的膝盖。
3. 向下画出小腿。
4. 在最下方半个比例格处画出脚踝与足部，脚面宽度比膝盖处稍宽。

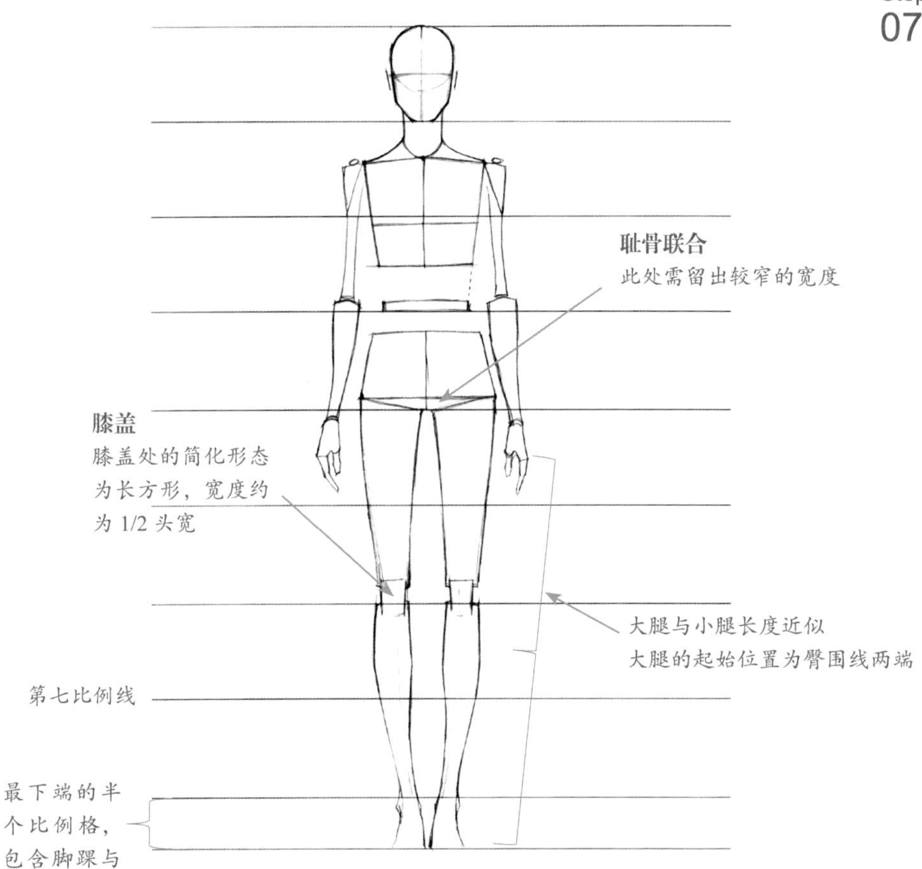

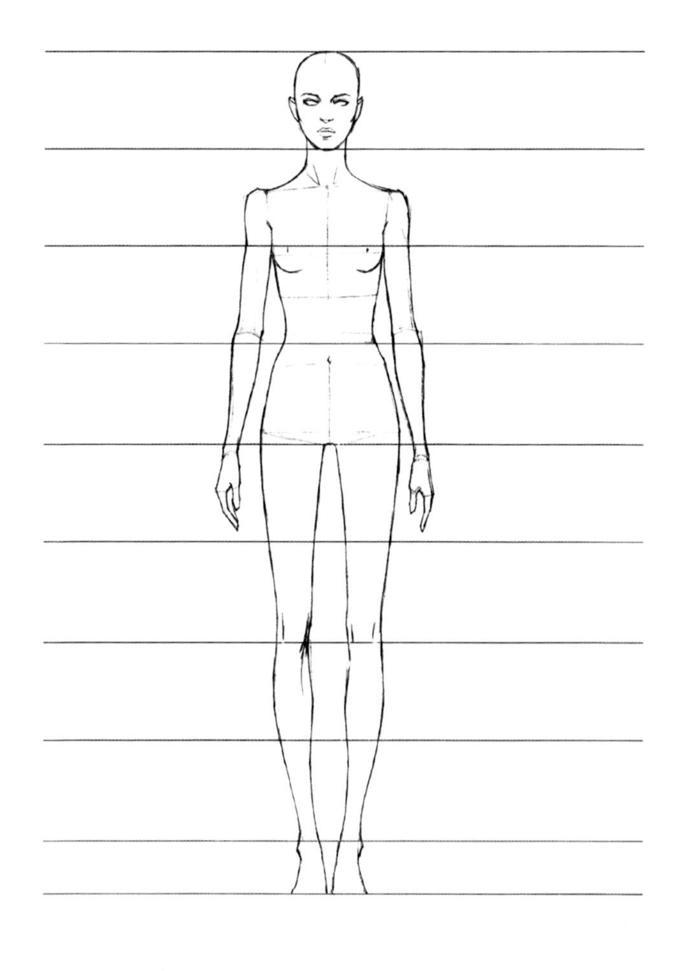

Step 08

擦除辅助线，将外框线画圆顺，绘制完成。
注：初学者此步骤可以省略绘制面部五官。

2. 9 头身人体的绘制

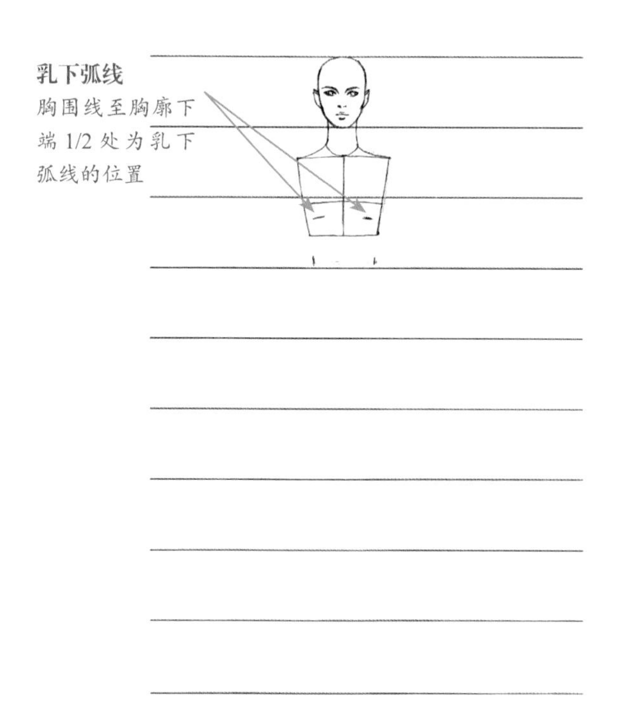

乳下弧线
胸围线至胸廓下端 1/2 处为乳下弧线的位置

Step 01 | 比例（长宽）与步骤同 8.5 头身人体的绘制步骤 01 ~ 04。

第六比例线

Step 02 | 参考 8.5 头身人体的绘制步骤 05，画出稍长的上肢。

注：9 头身人体的上肢长度越过第六比例线。

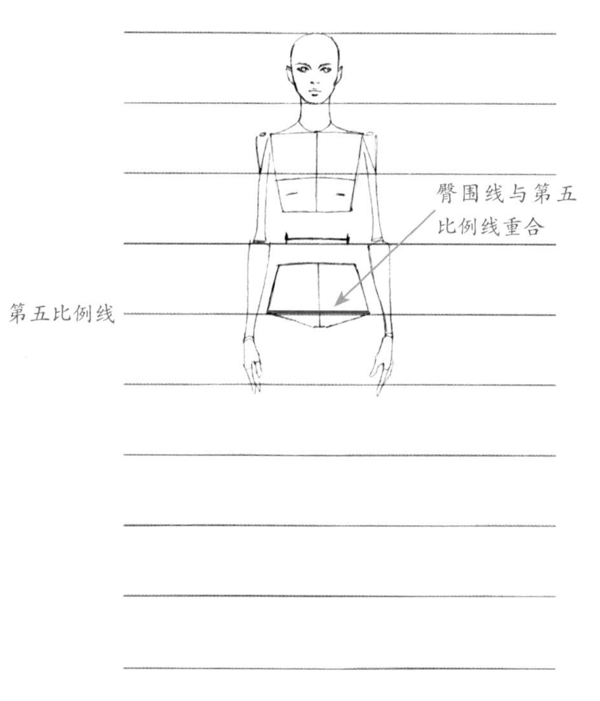

Step 03 | 参考 8.5 头身人体的绘制步骤 06，画出髋部。

注：臀围线在第五比例线处。

大腿根部宽度不宜超过面部宽度

第九比例格下 1/2 处为脚踝与足部

Step 04 | 1. 按 1:1 的比例画出大腿和小腿。

2. 在第九比例格下 1/2 处画出脚踝与足部。

擦除辅助线，将外框线画圆顺，完成绘制。

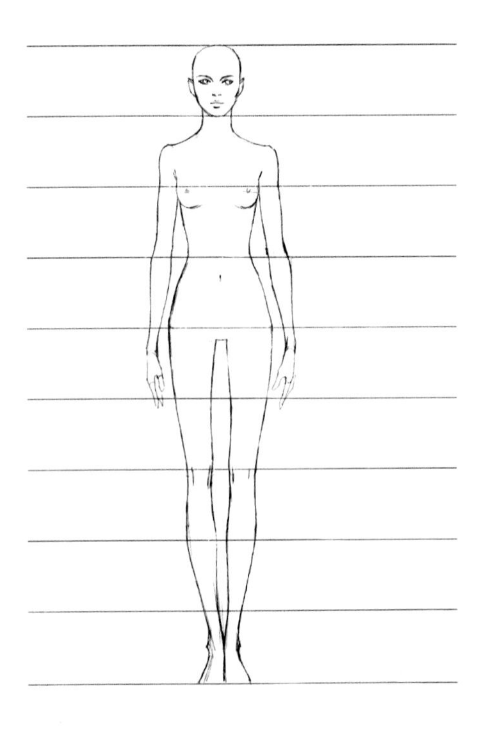

3. 11 头身人体的绘制

11 头身适用于表现廓形较为庞大的服饰，比如晚礼服这种裙摆体积较为夸张的类型。11 头身的头部及躯干与 9 头身近似，不同处在于拉伸了四肢的长度。

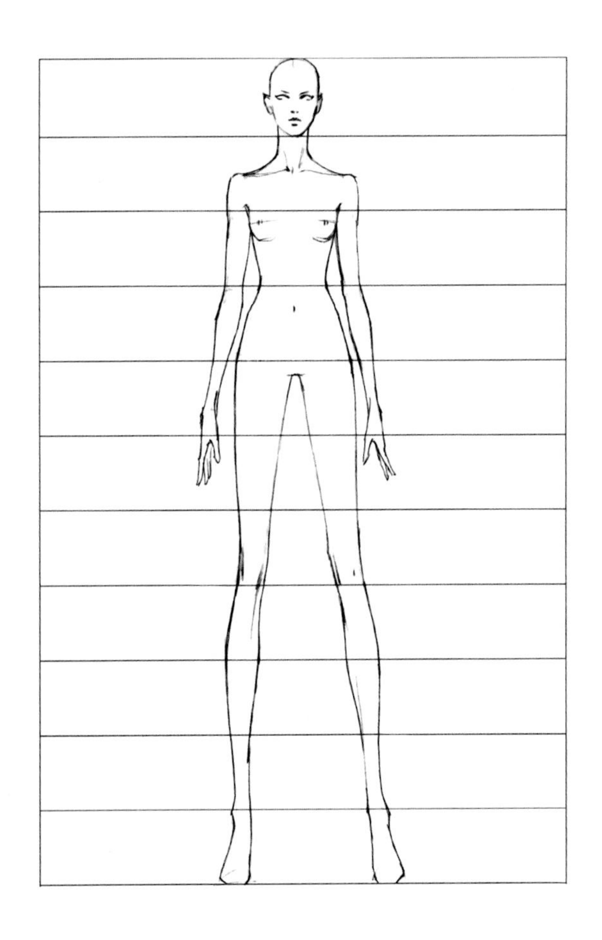

注：11 头身体的手与脚也会相应加长，长度均接近但不超过一个头长。

3.1.3 男性人体结构比例

男性 9 头身人体高度与女性近似，腰线位置稍低，上肢会更长一些。宽度上差异较大，面部宽度较女性人体稍窄，肩宽变化大，约为 2 ~ 2.5 倍头长，髋部宽度较窄。整体形态上肌肉感更为饱满。

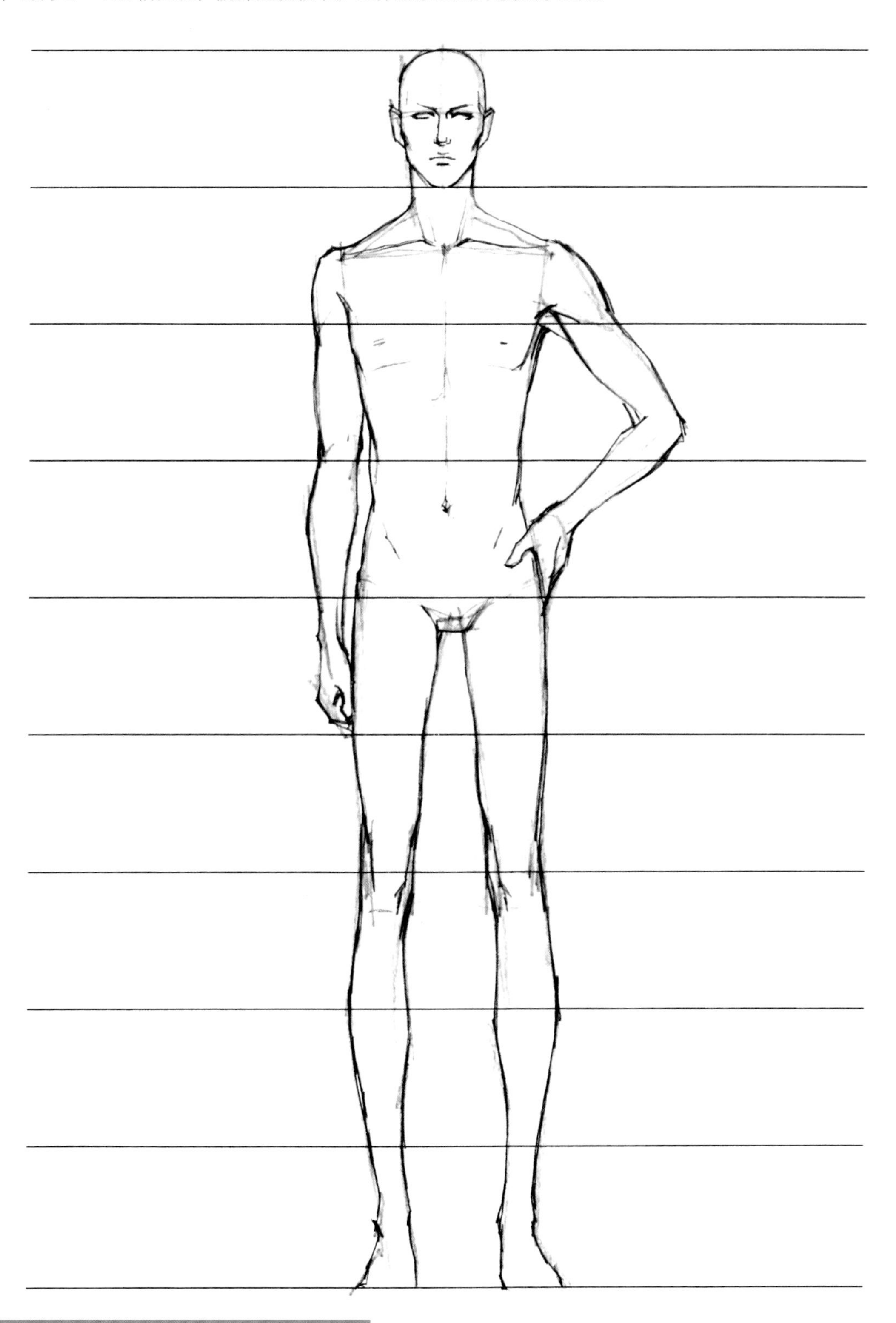

3.1.4 儿童与青少年人体结构比例

幼童、中童的体态特征以脖子、腰线不明显的圆乎乎造型为主，五官偏下较为集中。少年的体态接近成年人，但外形稍纤细些。

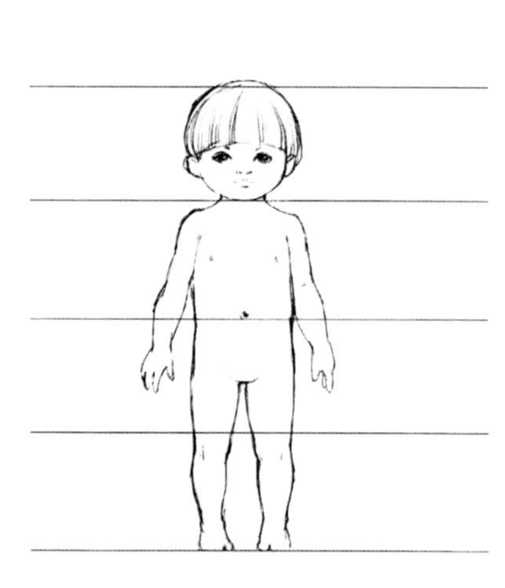

幼童身长比例（4 头身）
躯干与下肢比例近似，约为 1.5 倍头长

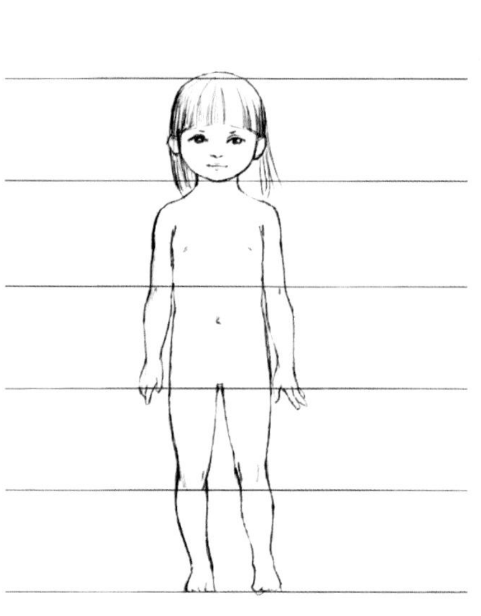

中童身长比例（5 头身）
躯干与下肢比例近似，约为 2 倍头长

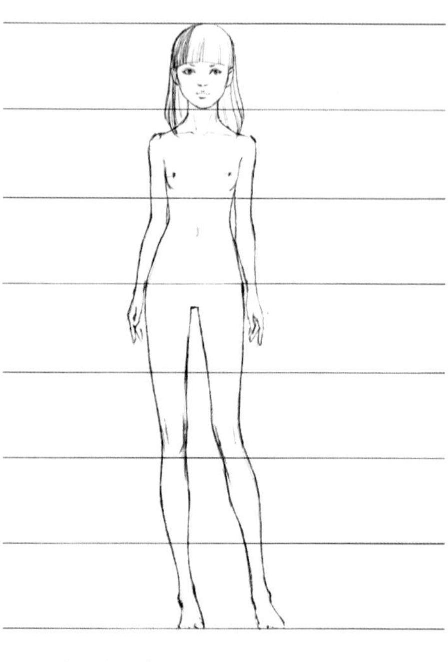

青少年身长比例（7 头身）
四肢明显变长，肩宽与臀宽稍窄，腰线内收

3.1.5 人体单色水彩表现

单色水彩上色也称为“灰度稿”，是指利用黑白灰的深浅层次，表达绘画物的体积与结构。在掌握深浅变化的基础上，再进行色彩变化的混色练习，灰度稿是初学者从线稿绘制到全彩上色的一个必经的过渡阶段。

本节列举了正面、侧面与 3/4 侧面的服装人体灰度稿，其一，为了使初学者能够从平面至立体，更好地理解服装人体表面的起伏变化；其二，对于灰度稿进行临摹与背记，明确身体各部位是受光偏亮还是处于阴影之中，有利于后期的彩稿上色。

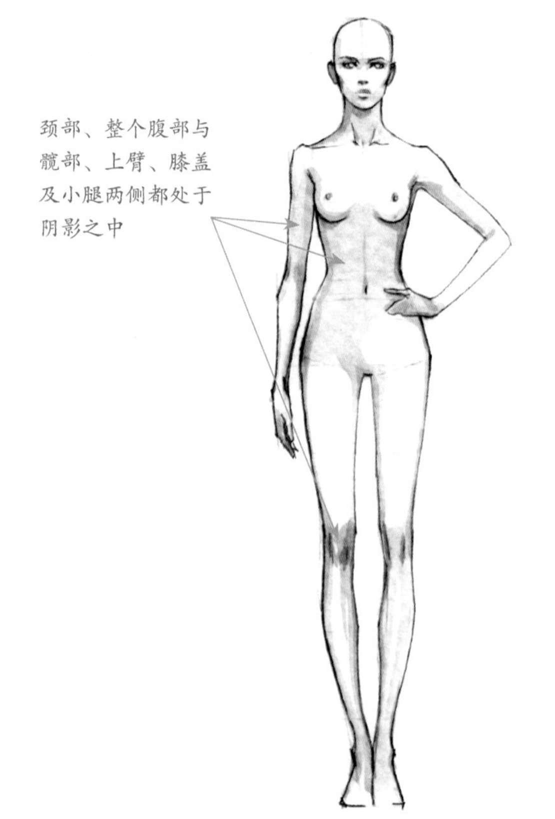

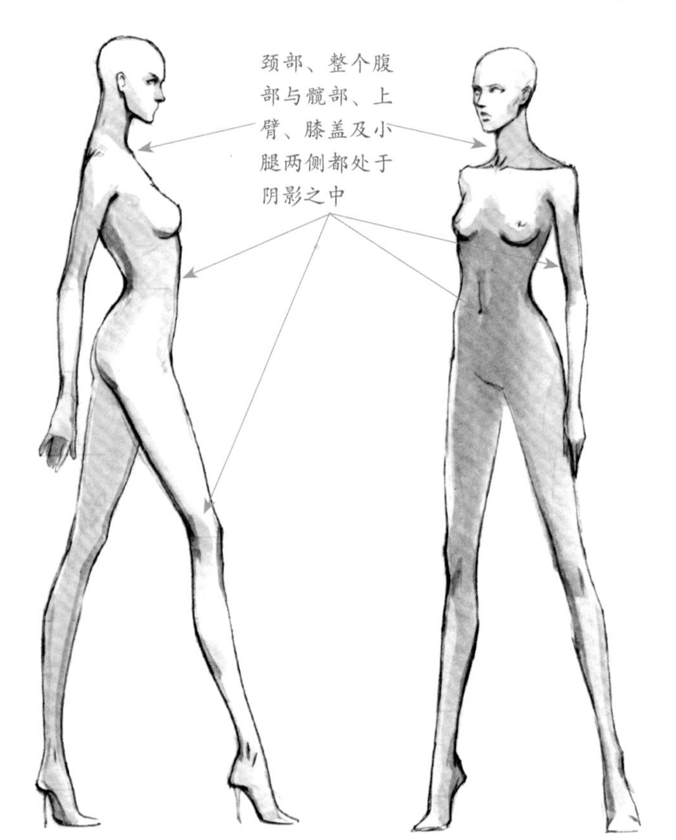

颈部、整个腹部与髋部、上臂、膝盖及小腿两侧都处于阴影之中

3.2 五官细节的绘制

3.2.1 眉眼部的结构与绘制

1. 眼睛的比例

眼睛的形态个体性差异较大。服装设计效果图中人物眼部较为细长，眼睛与眉毛的位置较为接近。眉头与眉尾之间的宽度均超过眼睛的宽度。眉峰的起伏感强烈，处于整个眉毛的外 1/3 处。内眼角与眉头的位置均低于外眼角与眉尾，眉眼的绘制走向都是上扬的。

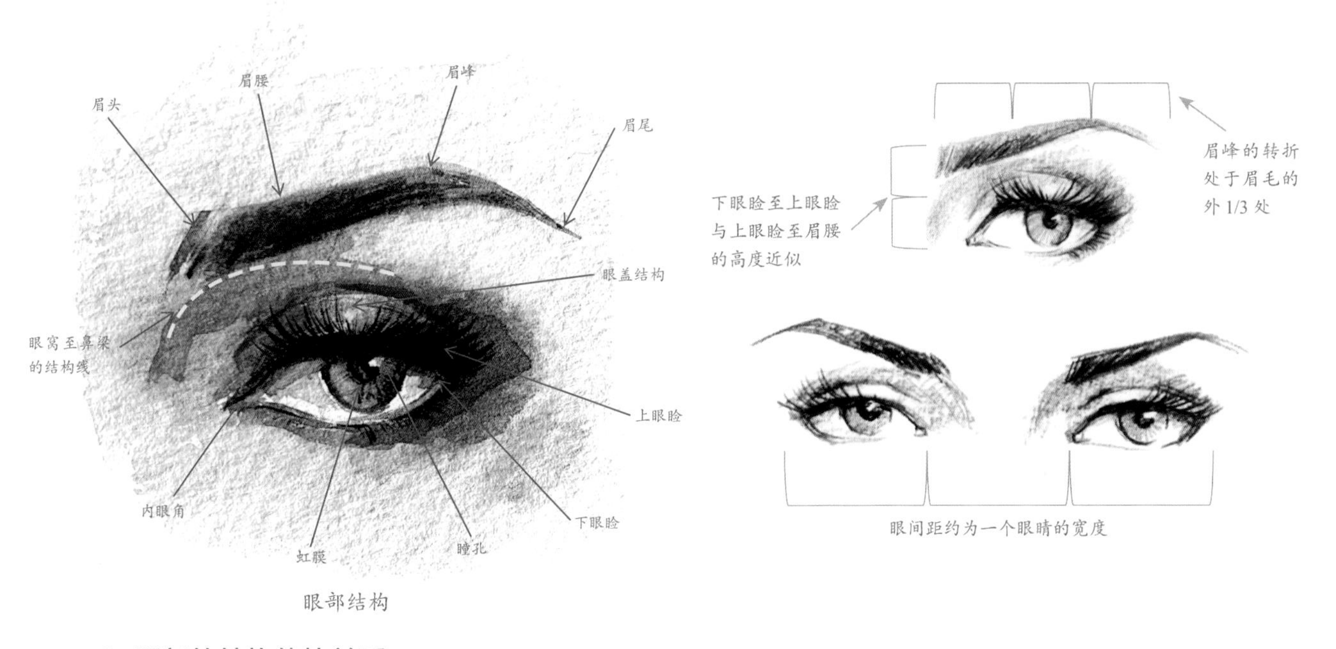

眼部结构

眼间距约为一个眼睛的宽度

2. 眼部的结构体块关系

在绘制时，我们可以将眼部理解为一对嵌在眼眶里的球体。上下眼皮包裹住眼球，虹膜的上部被上眼皮所遮盖。

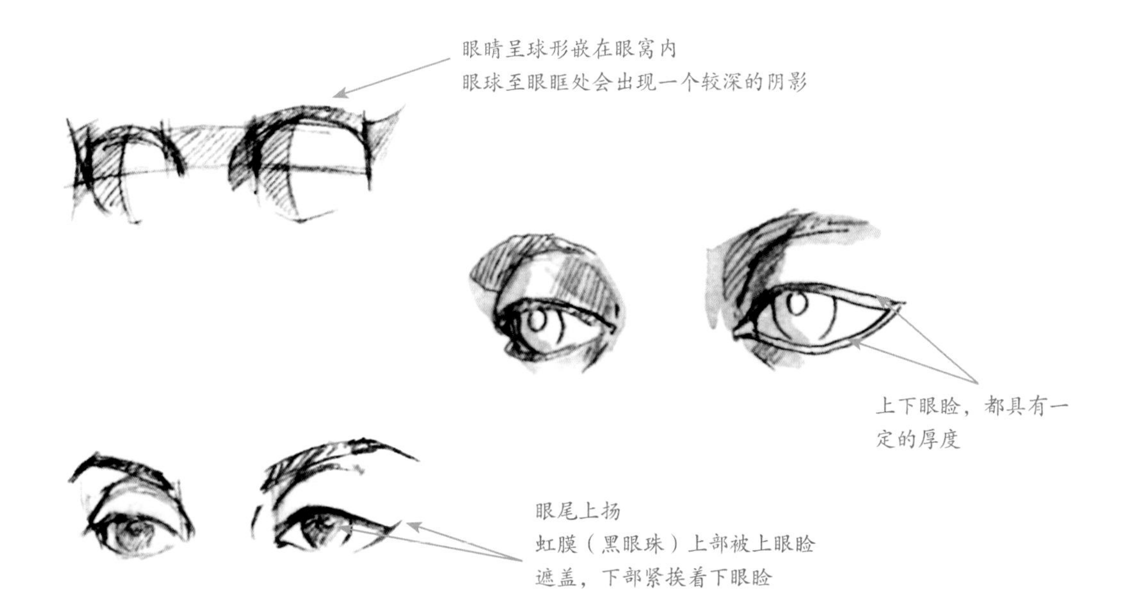

眼睛呈球形嵌在眼窝内
眼球至眼眶处会出现一个较深的阴影
上下眼睑，都具有一
定的厚度
眼尾上扬
虹膜（黑眼珠）上部被上眼睑
遮盖，下部紧挨着下眼睑

3. 眉眼部的绘制

Step 01

用 2B 铅笔轻轻地定出眉眼的大致位置。

注：眼部的框线在内眼角下方要留白，不必绘制出完整的下眼睑线条。

Step 02

1. 画出双眼皮。
2. 加深上下眼睑的线条并画出眼睑的厚度。
3. 明确眼角的形状。
4. 画出虹膜与瞳孔，并留出瞳孔上的高光。

Step 03

1. 勾画眉形外框线。
2. 按眉毛生长方向，用小直线填充眉形框内部。
3. 在眼睑外侧画出睫毛。

注：下眼睑睫毛主要集中在外侧。

Step 04

1. 用铅笔排线加深眼窝。
2. 加深加粗上眼线。
3. 适度加深外眼角处的眼白区域。

注：两眼瞳孔处的高光方向要一致。

4. 眼部单色水彩表现

Step 01

1. 用墨运堂绘墨 + 水调出浅灰色，填涂整个眉毛与眼窝。
2. 用稍深的墨色画出虹膜，留出瞳孔高光。
3. 待画面干燥后，加深上眼皮与双眼皮褶痕。

Step 02

1. 待画面完全干燥后，加深眉头至眉腰下半部分。
2. 用浅灰色叠深眼窝至鼻梁的结构线。
3. 用浓黑色绘制瞳孔、上眼线和虹膜肌理。
4. 用浓黑色细节笔画出上下睫毛。

近侧面眼部
这个角度要绘制出内眼角

正侧面眼部
注意虹膜眼球的倾斜

3.2.2 鼻子的结构与绘制

1. 鼻子的结构

鼻子的重要结构为：鼻梁、鼻翼、鼻头、鼻孔和鼻小柱。其中鼻小柱与鼻孔构成了鼻底，绘制的时候，要将鼻底看作一个整体，削弱对鼻孔与鼻翼的表现。

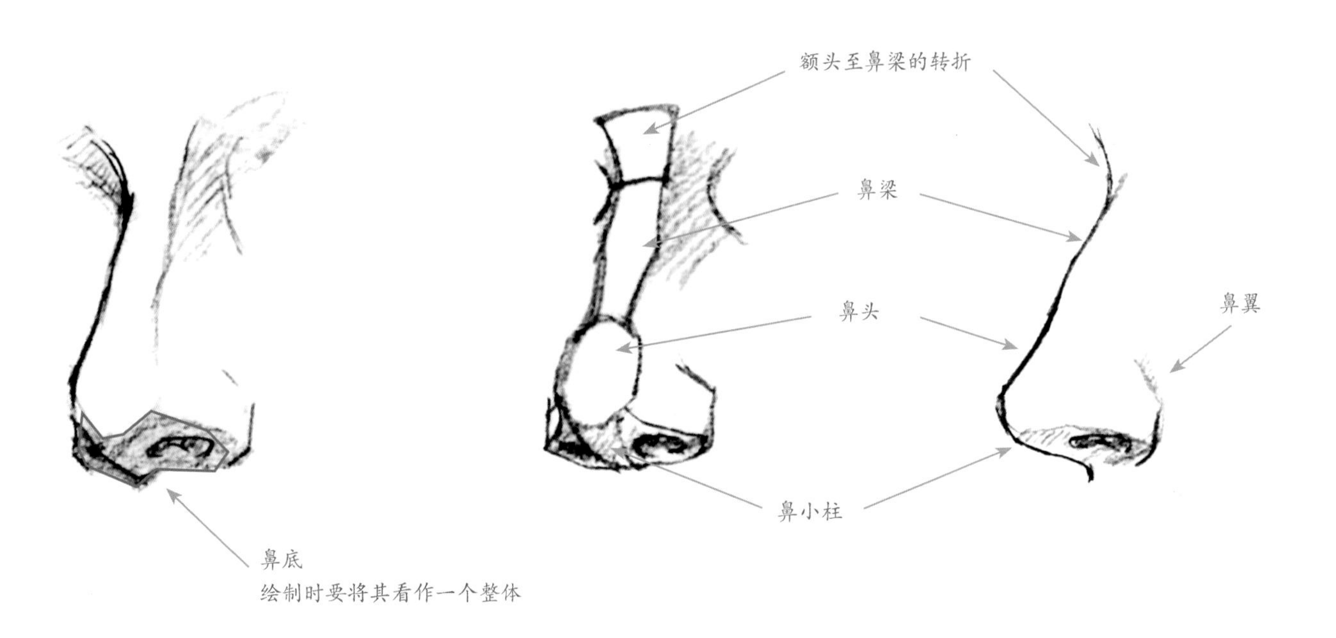

2. 鼻子的绘制

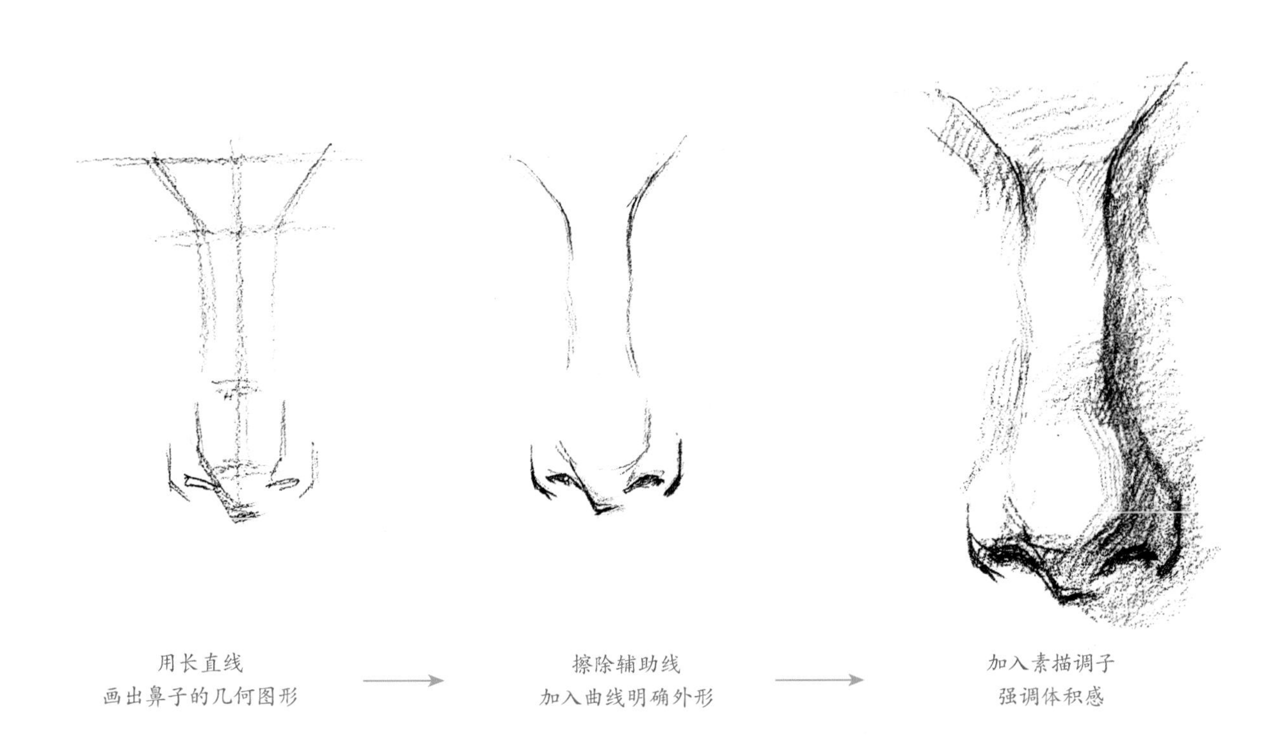

用长直线
画出鼻子的几何图形
擦除辅助线
加入曲线明确外形
加入素描调子
强调体积感

3. 不同角度鼻子的单色水彩表现

正面鼻子的单色水彩表现

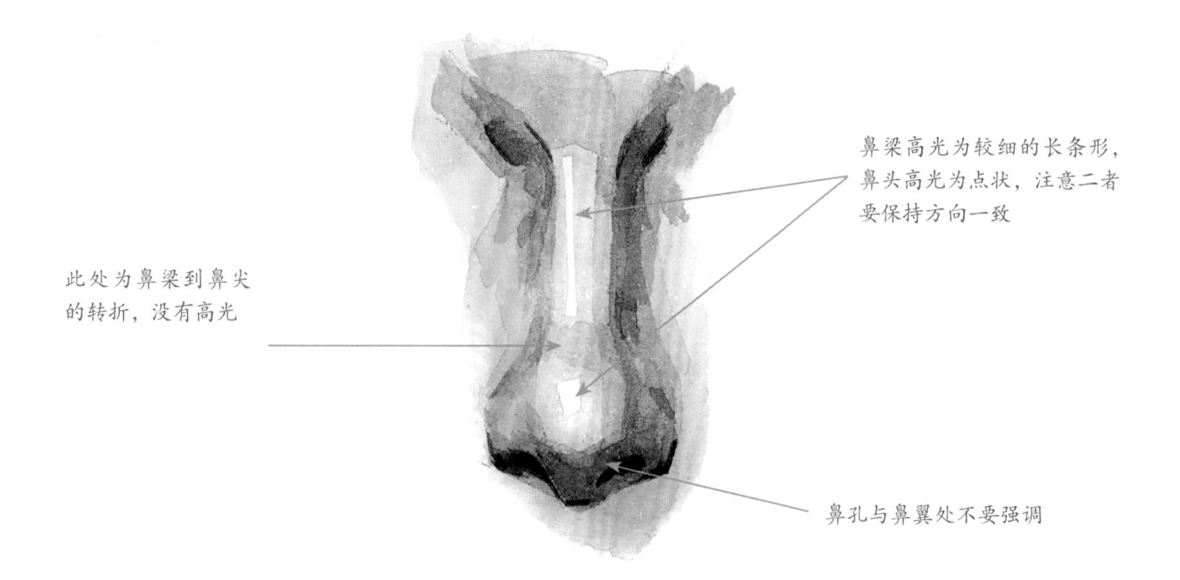
鼻梁高光为较细的长条形，鼻头高光为点状，注意二者要保持方向一致
此处为鼻梁到鼻尖的转折，没有高光
鼻孔与鼻翼处不要强调

侧面鼻子的单色水彩表现

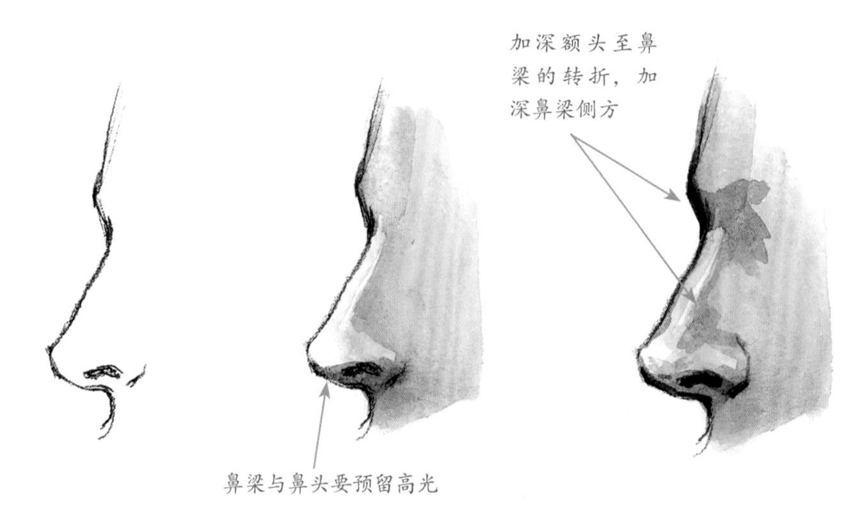
加深额头至鼻梁的转折，加深鼻梁侧方
鼻梁与鼻头要预留高光

3/4 侧面鼻子的单色水彩表现

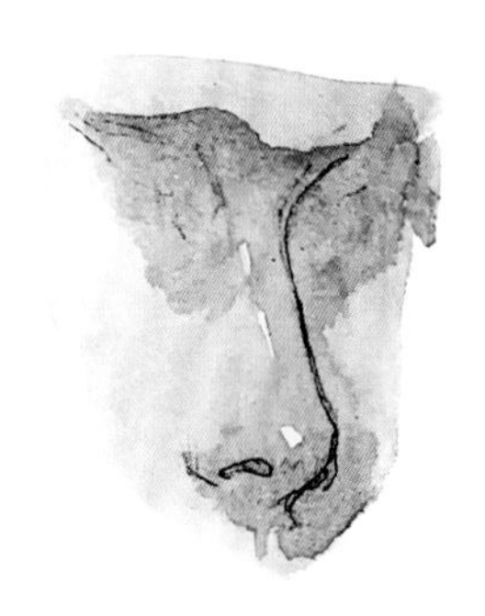

Step 01

1. 用浅灰色铺色。
2. 趁湿加深眼窝、额头至鼻梁转折和鼻底。
3. 此时要留出鼻梁侧与鼻头的高光。

Step 02

1. 加深鼻侧影与鼻底。
2. 用浅灰色叠深鼻梁至鼻头转折和鼻梁侧方。
3. 待画面干燥后，加深鼻孔和鼻翼下方。

3.2.3 唇部的结构与绘制

1. 唇部结构

唇部结构如同花瓣，有翻转一般的体积感（注意下图中的箭头方向）。上唇色彩较下唇深，高光主要出现在下唇。唇部的开口也称口缝，呈海鸥形。

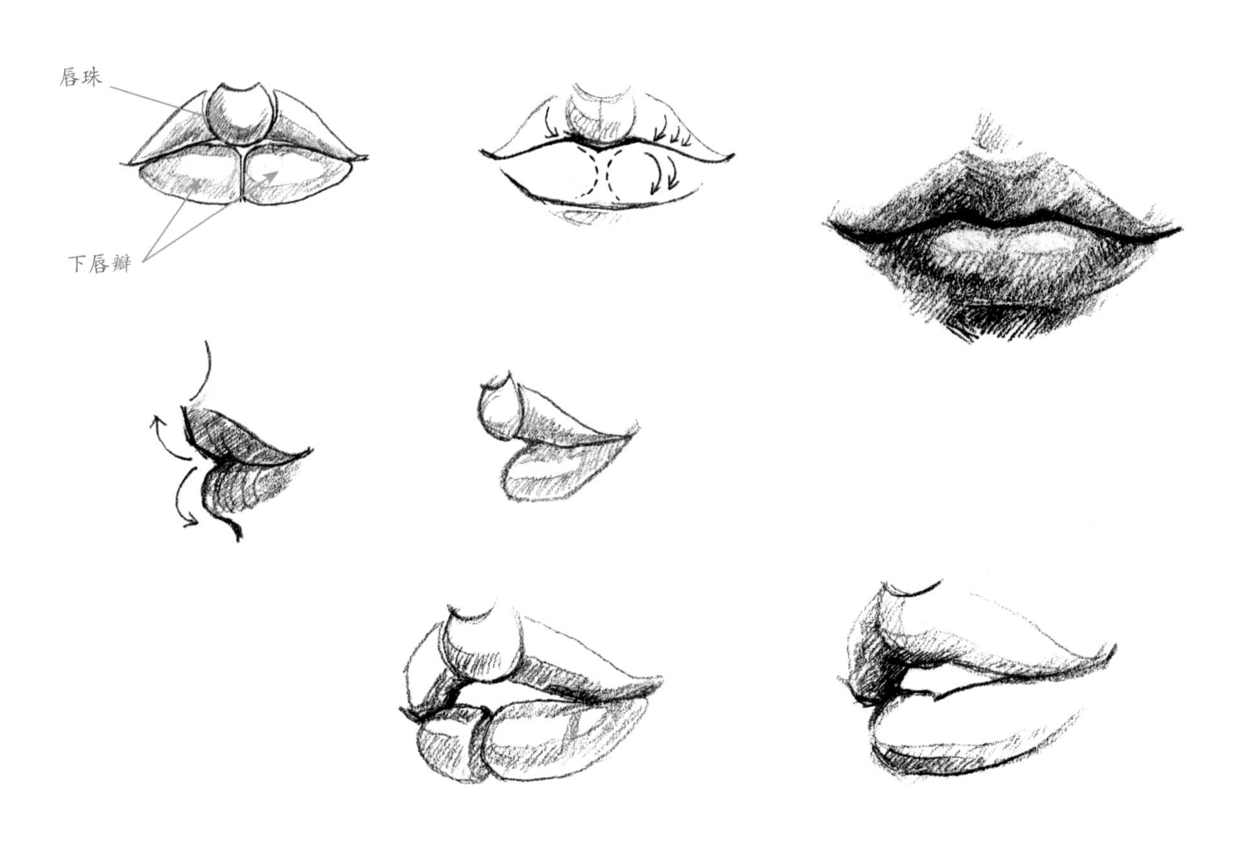

2. 不同角度唇部的绘制

正面

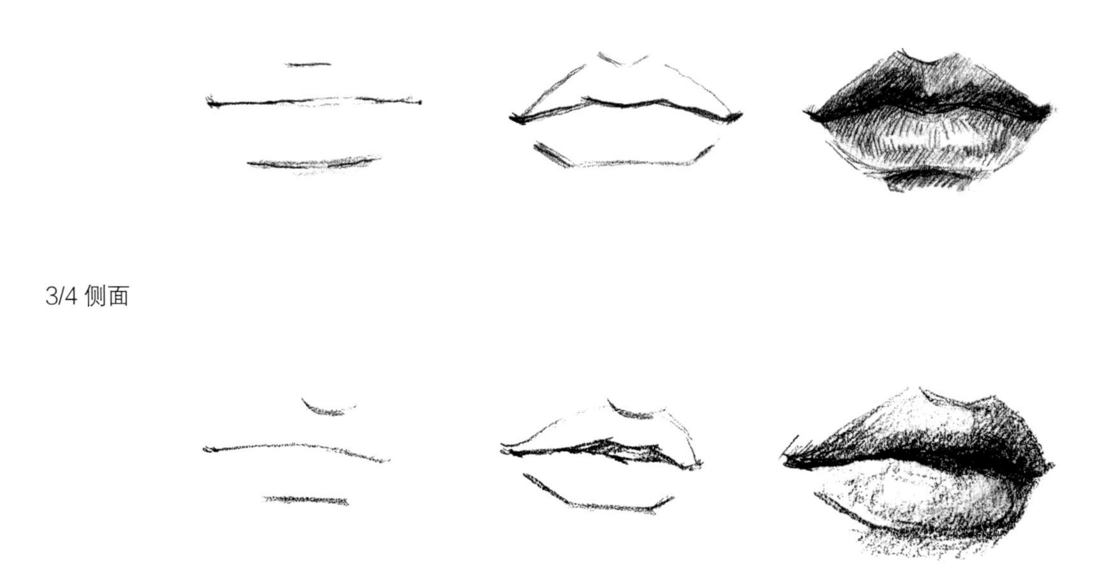

3/4 侧面

3. 不同角度唇部的单色水彩表现

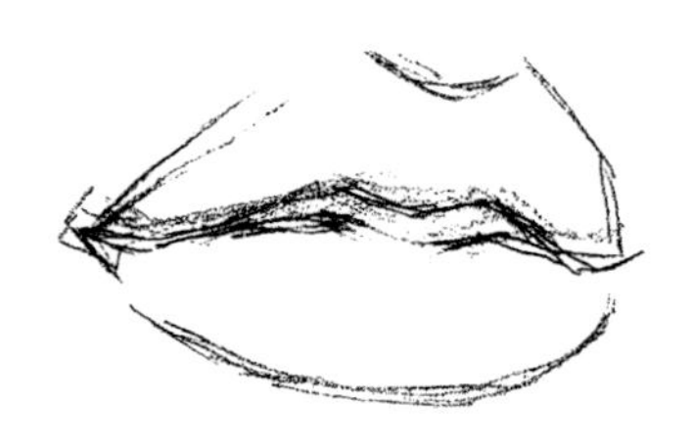

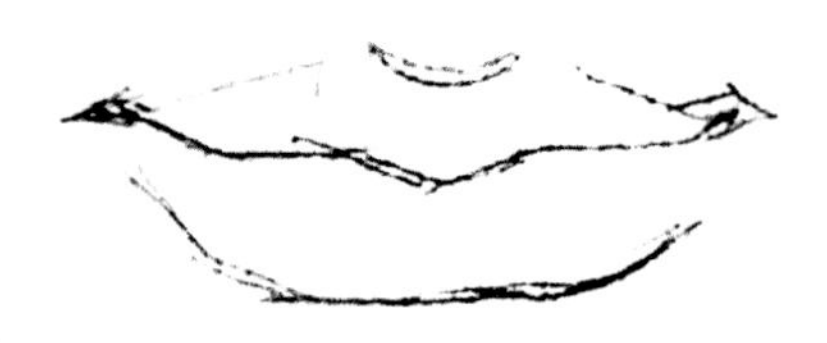

按结构起伏，用长直线画出线稿，注意下唇线两侧要留白

用浅灰色铺唇色，留出下唇高光，画出稍淡一些的人中和下唇阴影

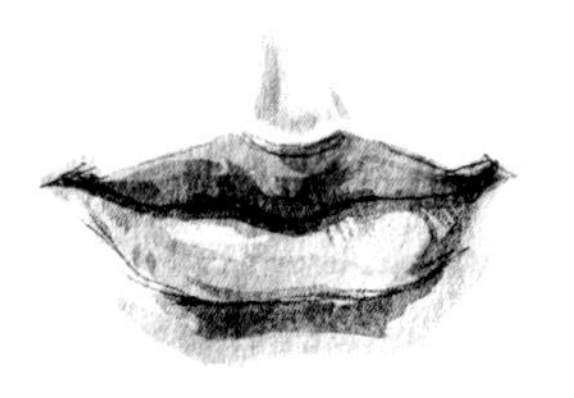

加深上唇向内转折部分，加深下唇阴影

加深两侧嘴角，用浅灰色叠深下唇两侧的转折，用细节笔描绘出下唇的唇纹肌理

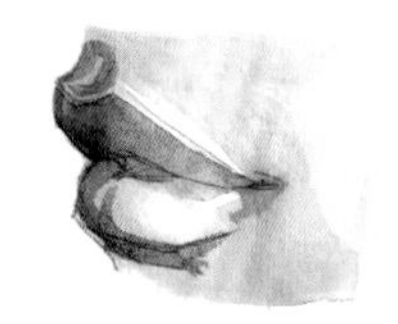

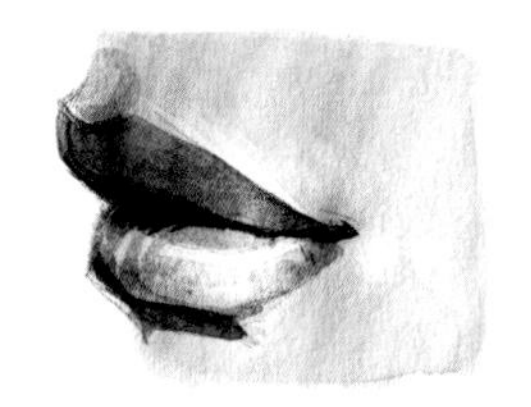

3.2.4 耳朵、颧骨及发际线的绘制

服装设计效果图中头部的绘制面积较小，耳朵与发际线形态是大家容易忽略的一个重点，如果不注意发际线形态，容易产生面部与头发衔接不自然等不良效果。

1. 耳朵的结构

耳朵的形态类似一个浅碟子，耳朵的结构走向可以理解成外部 C 形、内部 Y 形，耳廓上方是最亮的区域。

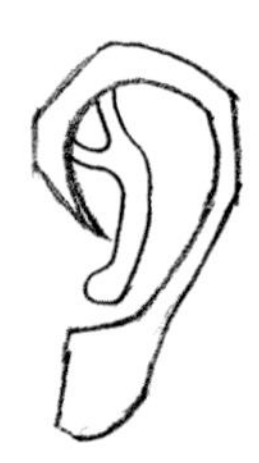

耳朵结构与明暗变化

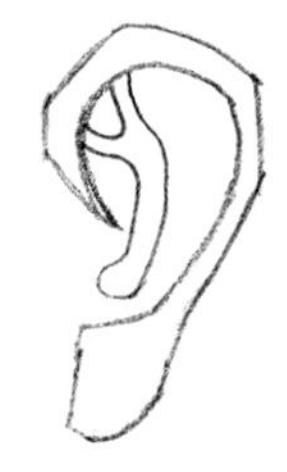

耳朵结构方向的简化理解

2. 耳朵与颧骨的关系

颧骨是面部的支撑性结构，从正面和 3/4 角度看颧骨及下颌骨消失在耳部。在绘制的时候，最好将二者看作两个联合在一起的结构进行观察。上色时，颧骨及耳廓上方的色彩都是偏红的。

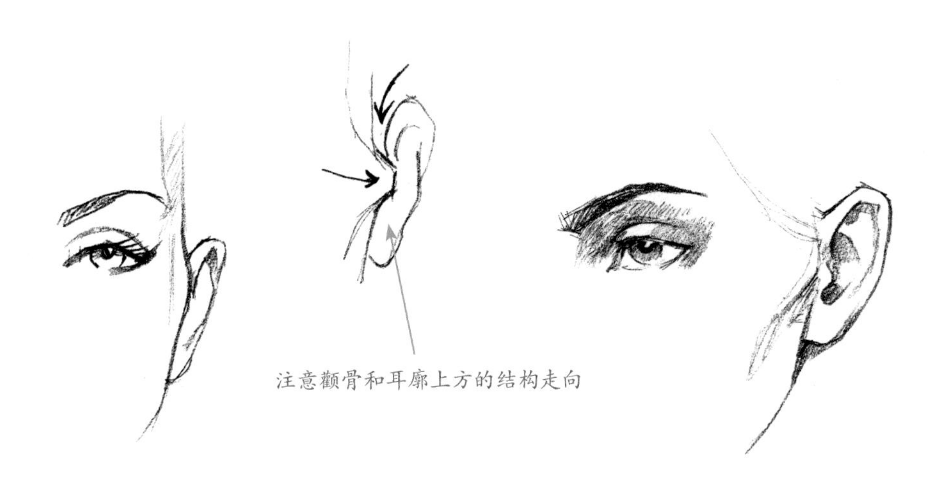

注意颧骨和耳廓上方的结构走向

3. 耳朵与发际线的关系

发际线呈“几”字形，绘制时要注意耳前方鬓角的形态，后方的发际线呈 W 形。

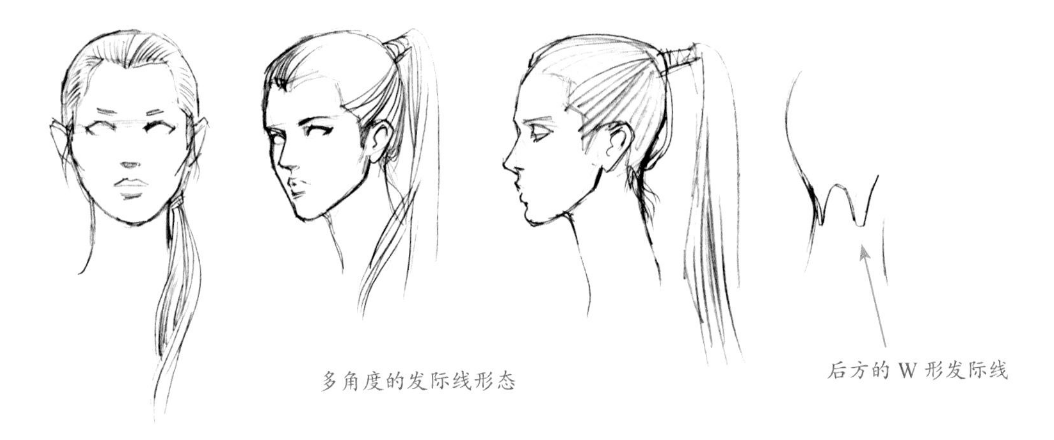

多角度的发际线形态

后方的 W 形发际线

4. 耳朵的单色水彩表现

耳廓与耳垂下方的色彩较深。

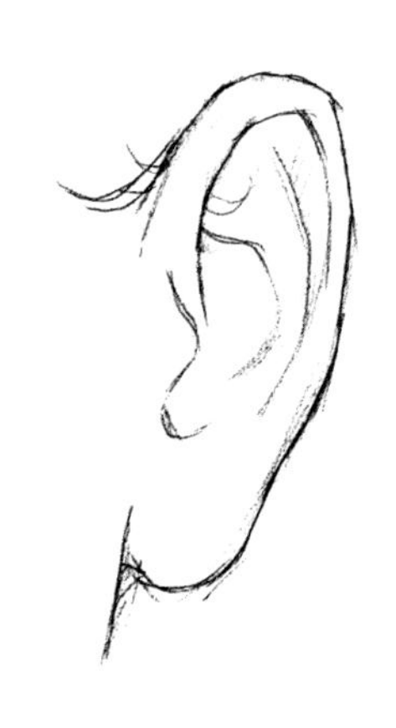

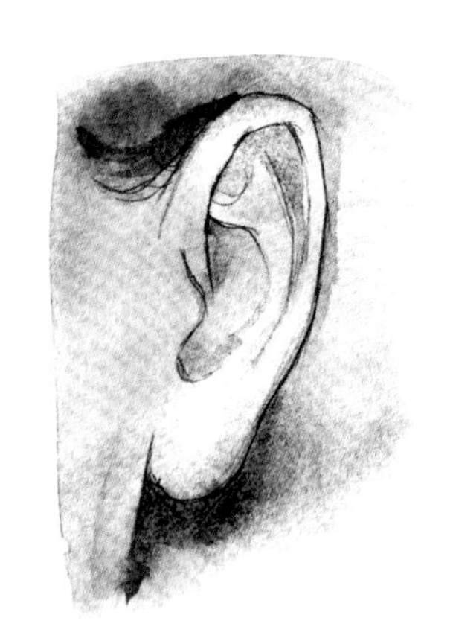

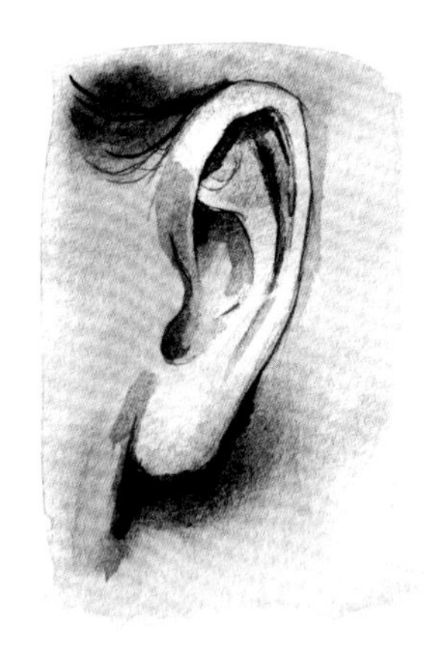

3.3 头部与面部细节绘制

3.3.1 面部形态特征

面部的形态特征包含：深陷的眼窝、高颧骨、饱满的前额、丰满的双唇和精致的下颌。

绘制时装画时，面部要进行适度的夸张与弱化。比如，加深眼窝、明确上扬眼线、强调颧骨结构、适度夸张唇部结构和收窄整个面部宽度等。

弱化是指对于面部的某些结构不做过多刻画。比如，弱化鼻翼，强调鼻翼结构很容易形成视觉效果上的法令纹。同理，对于眼部的卧蚕甚至内眼角处的下眼线，也应该进行弱化，否则很容易被误认为眼袋。

注：下颌结构不要画得过尖，要适度画出下颌角（腮部）。

3.3.2 面部的基本比例与绘制

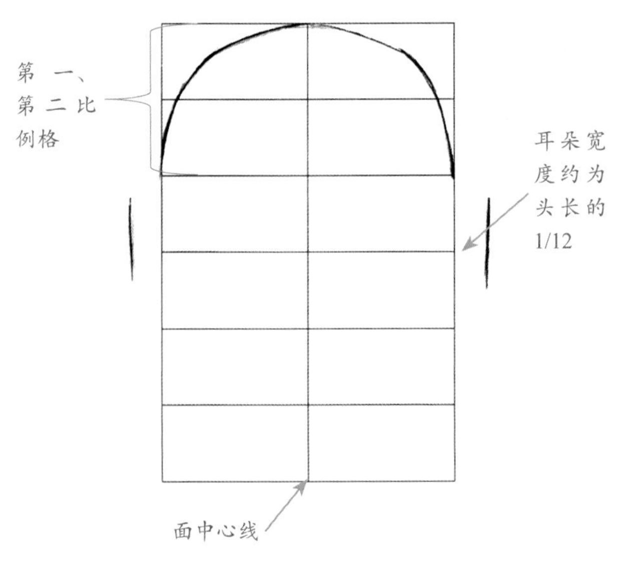

Step 01

1. 画出宽高比为 2:3 的长方形。
2. 横向六等分画出比例线。
3. 纵向二等分画出面中心线。
4. 在第一至第二比例格处画出头顶弧线。
5. 在比例框两侧定出耳朵（宽约为头长的1/12）。

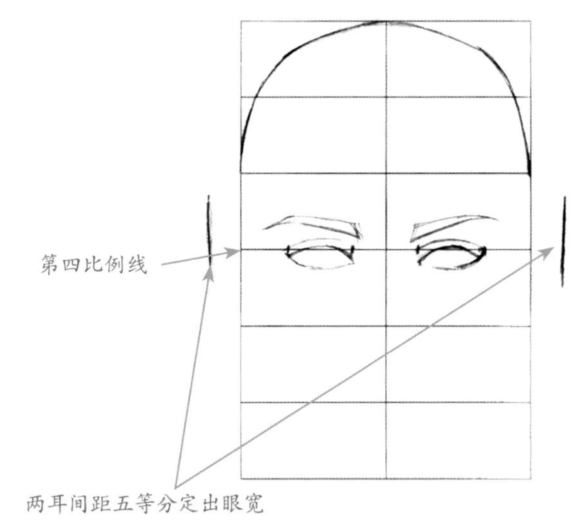

Step 02

1. 两耳间距五等分确定眼宽。
2. 第四比例线处为上眼睑位置，画出眼部。
3. 在眼睛稍上处画出眉毛。

注：面部的个体差异很大，此处所讲的基本比例是五官的大致位置。

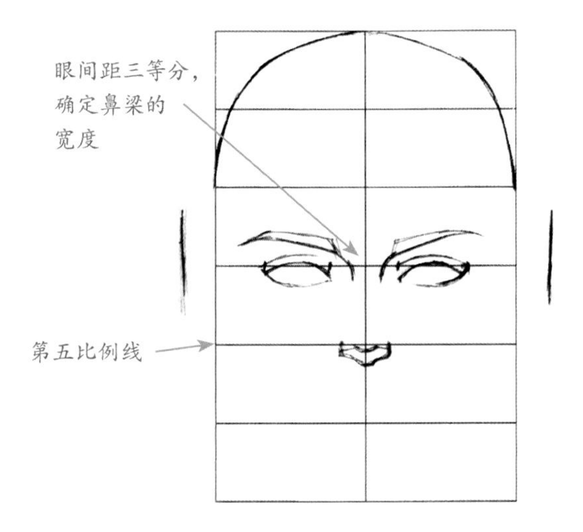

Step 03

1. 眼间距三等分，画出鼻梁的起始位置。
2. 在第五比例线下方画出鼻底。

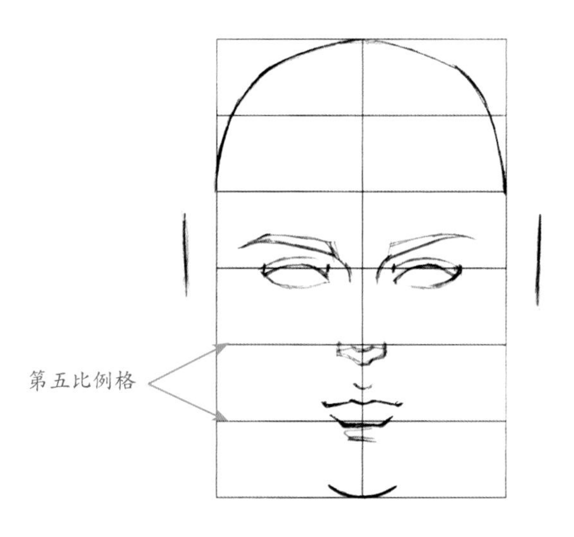

Step 04

1. 在第五比例格下 1/2 处画出嘴部。
2. 在比例格最下方画出较平缓的下巴弧线。

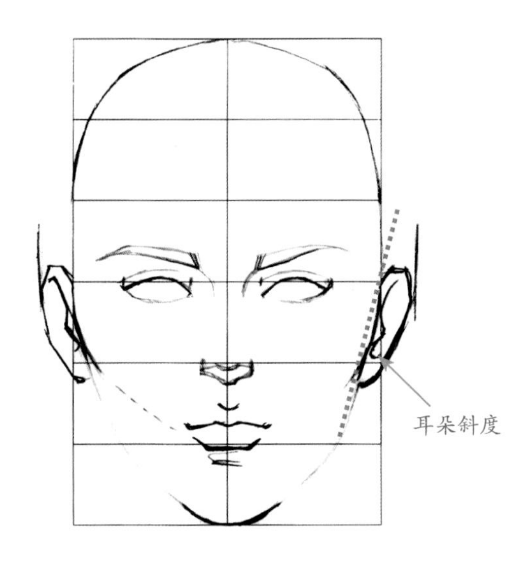

Step 05

1. 在第四比例格下 1/2 处，沿嘴角作虚线，画出颧骨。
2. 连接颧骨与下巴，画出下颌曲线。
3. 画出耳朵，注意耳朵的斜度。

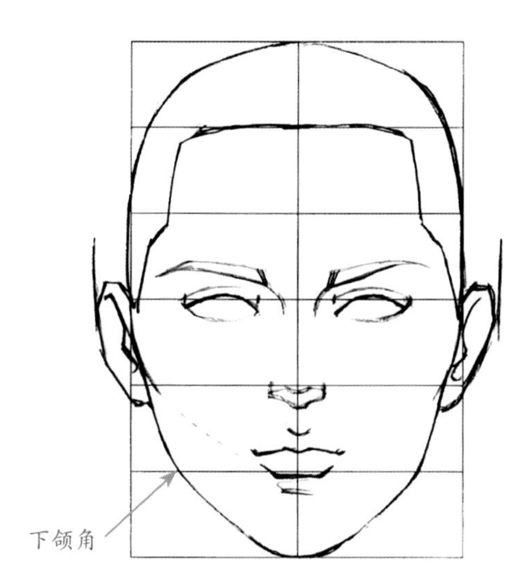

Step 06

1. 明确下颌弧线，注意画出下颌角。
2. 在第二比例线下方画出发际线。

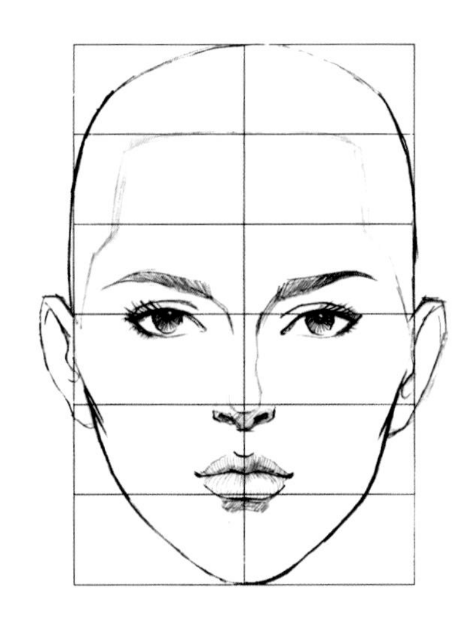

Step 07

擦除辅助线，按照五官细节的描绘方式进一步深入描绘。

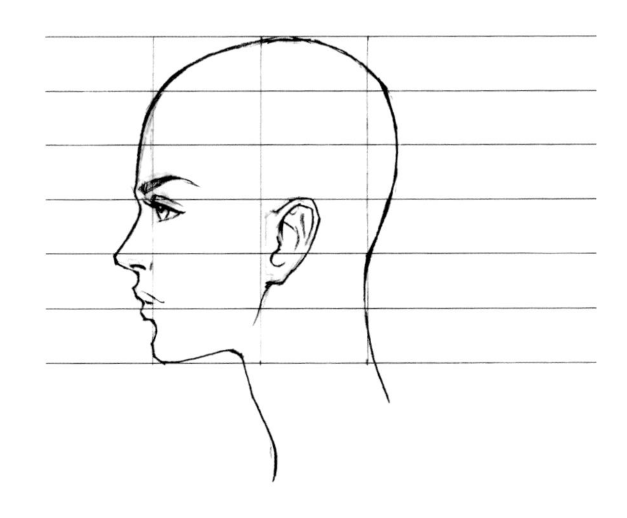

Step 08

在比例格上绘制的侧面头部五官比例示意图。

3.3.3 面部的单色水彩表现

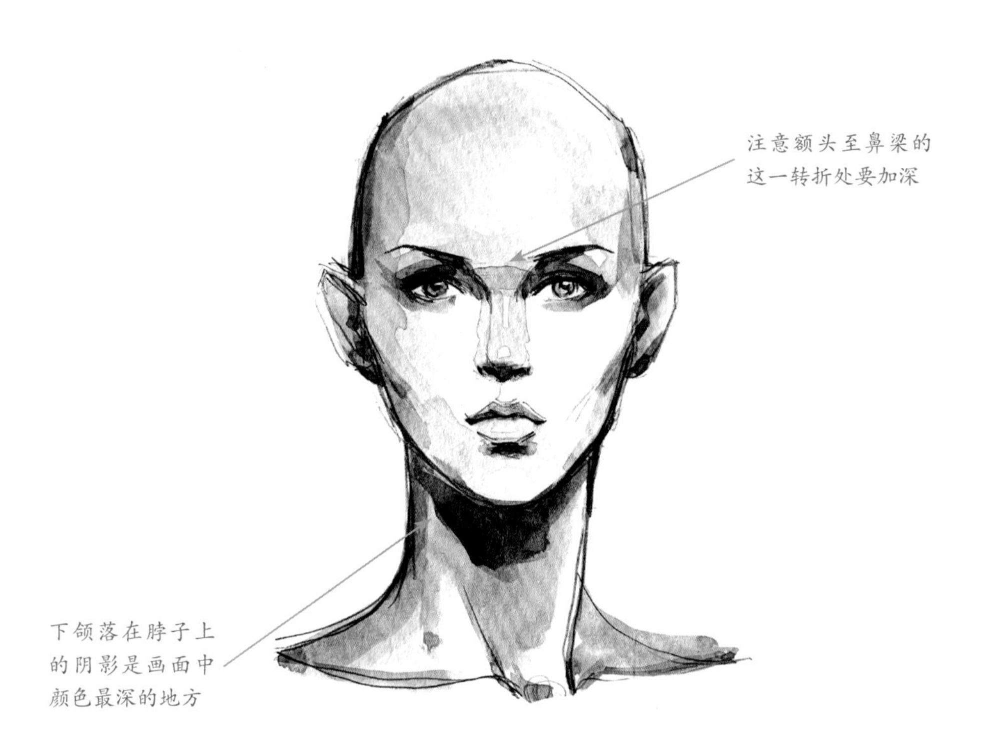
注意额头至鼻梁的
这一转折处要加深
下颌落在脖子上
的阴影是画面中
颜色最深的地方

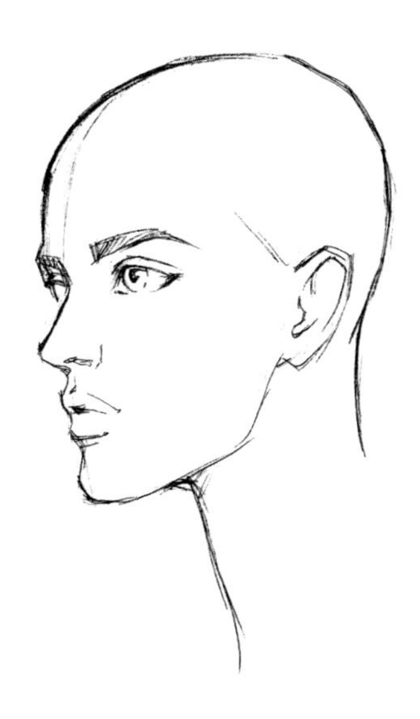

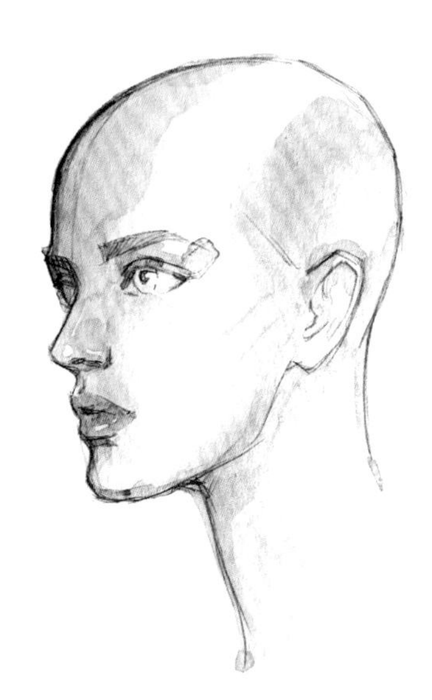

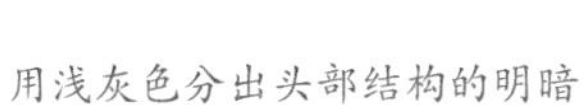
用浅灰色分出头部结构的明暗

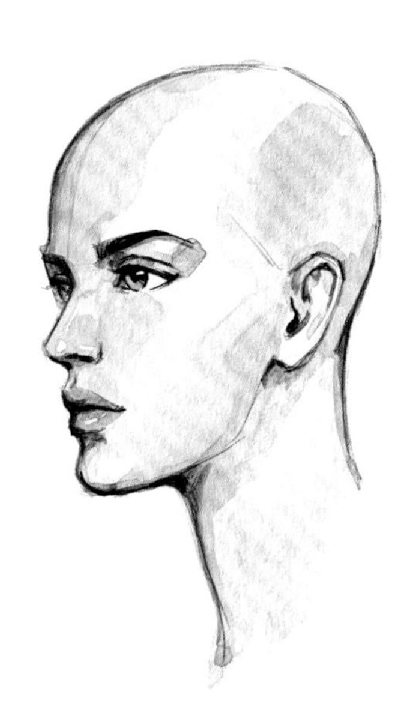
用深灰色勾画出五官细节，
用浓黑色细节笔画出眼线及瞳孔

3.3.4 头发的绘制

头发具有蓬松感，因此在绘制时需要额外稍加高头顶位置。尽可能将头发看作一条条的发缕进行整体观察与表现。

1. 头发的形态理解

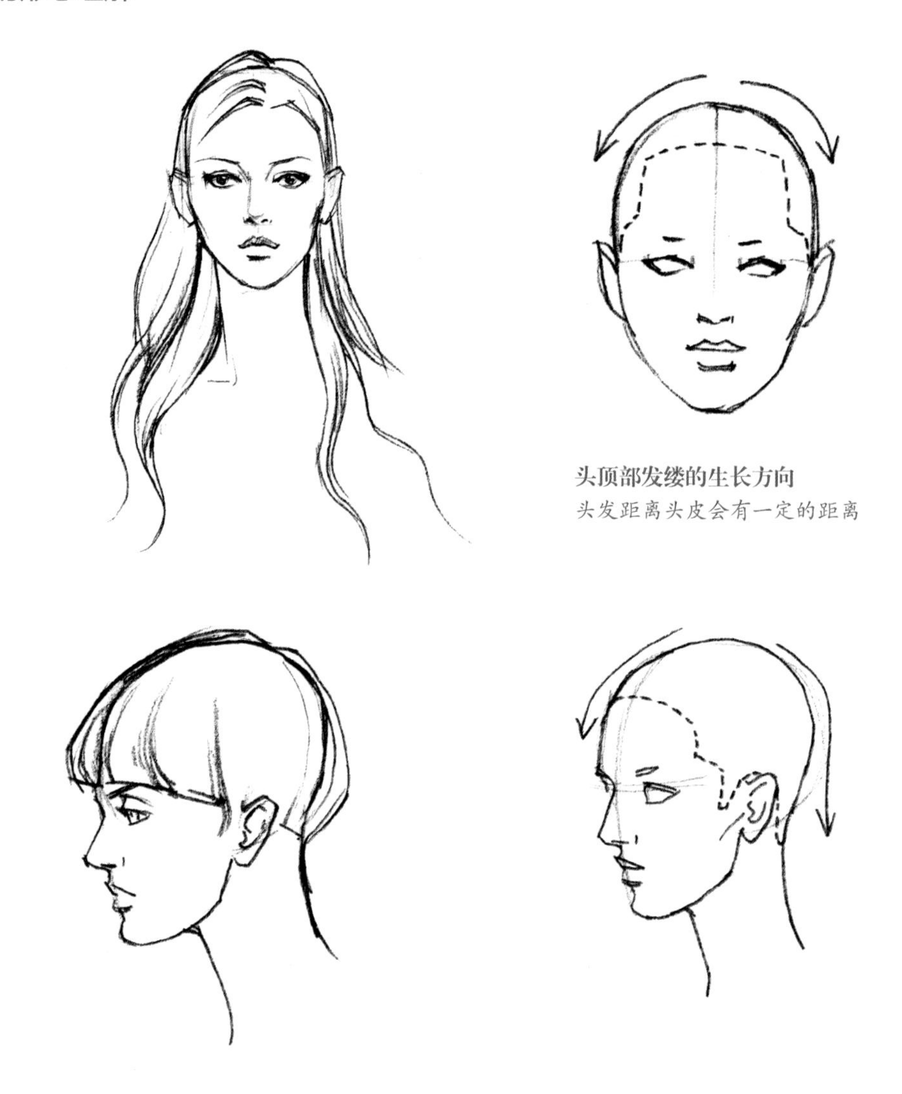

头顶部发缕的生长方向

头发距离头皮会有一定的距离

2. 发缕的形态理解

绘制头发的时候不要一根一根地画发丝，要将发缕理解成扁形的丝带结构。发丝肌理应该处于头发明暗转折处。

将头发的转折
结构看作很多
条丝带
发丝肌理仅需画在
明暗交界处

3. 长直发的绘制

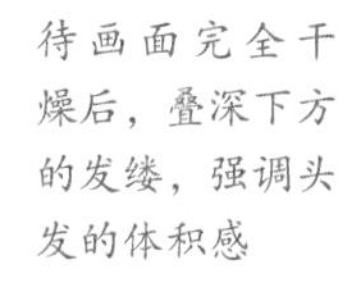

用浅灰色区

出头顶部两

待画面完全干
燥后，叠深下方
的发缕，强调头
发的体积感

4. 卷发的绘制

耳下、脖子侧方区域的发色最深

3.4 四肢形态与绘制

3.4.1 腿部的结构与绘制

1. 腿部的骨骼

腿部肌肉的骨骼感较强，骨点明显。绘制时注意骨骼都是具有一定弧度而非笔直的。

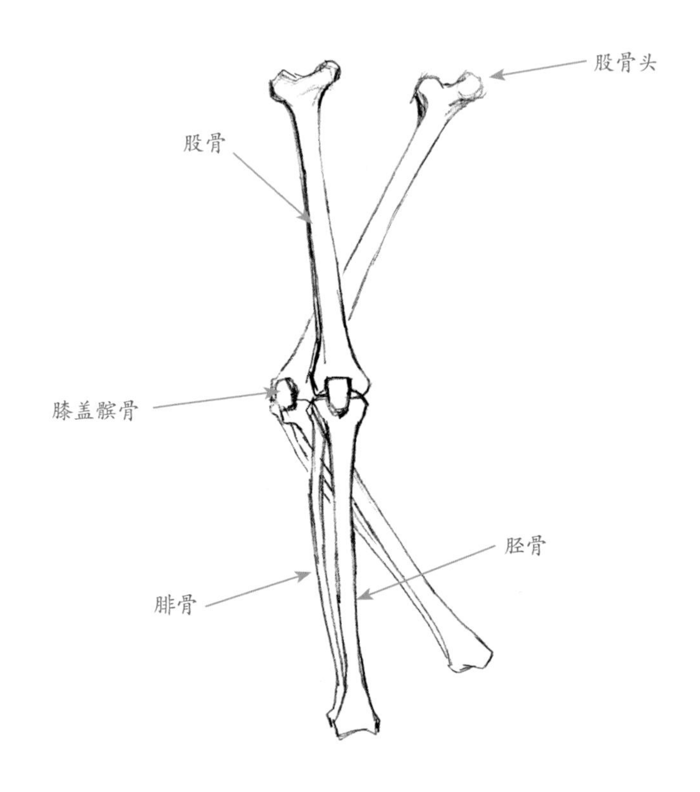

2. 腿部的肌肉群形态

大腿肌肉群主要集中在前侧，小腿肌肉群集中在后侧。

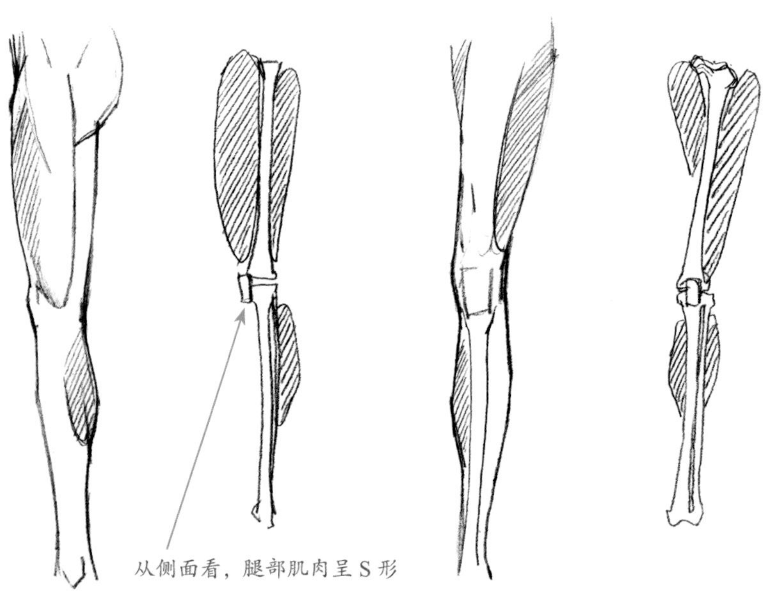

3. 腿部的几何形态（简化理解）

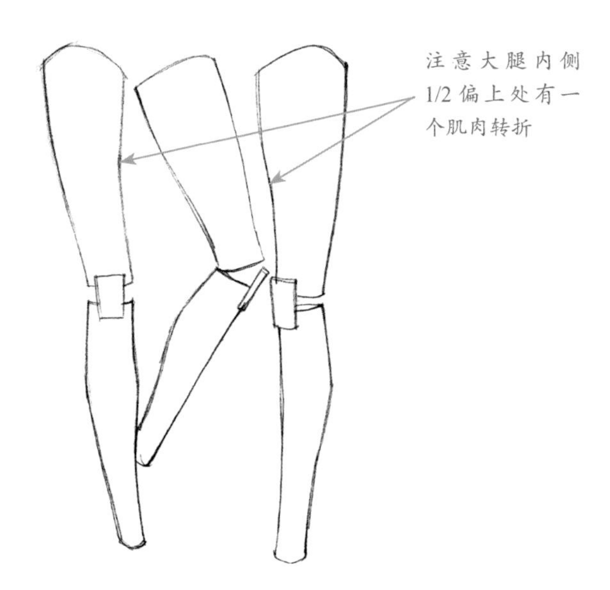

4. 腿部的绘制

用长直线画出腿部动态

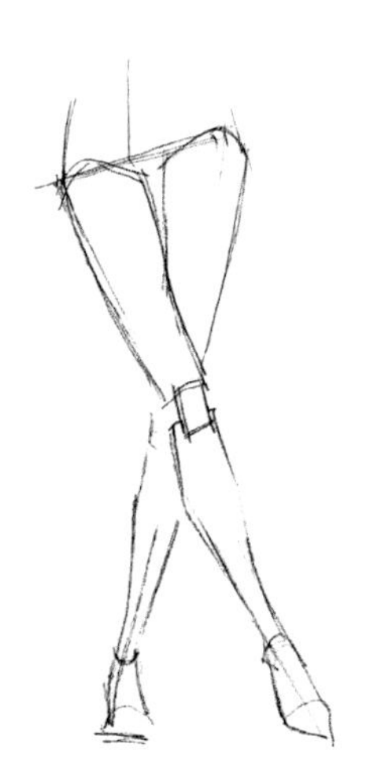

画出腿部几何形态

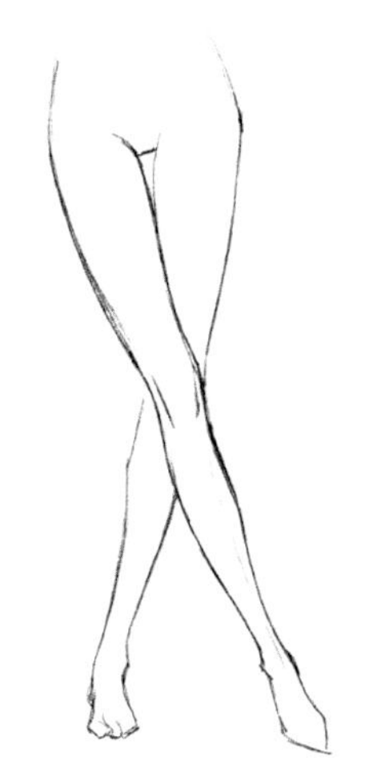

将外框线画圆顺，擦除辅助线

3.4.2 脚部的结构与绘制

1. 脚部的体块化理解

将脚部的脚踝、足跟、足弓和脚掌看作几何图形。

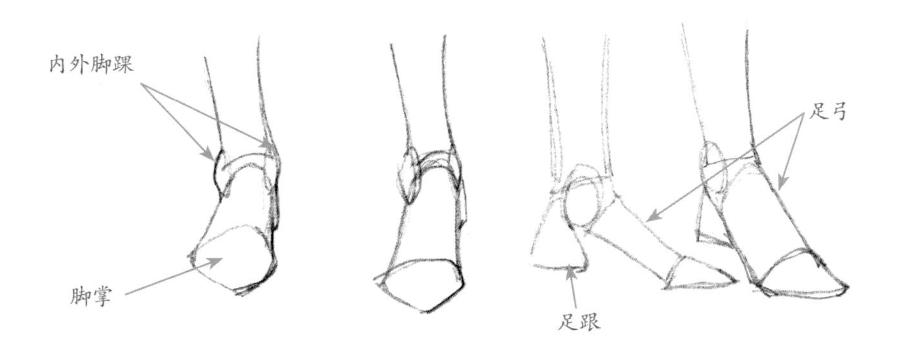

2. 正面脚部的绘制

按照几何形状画出脚踝与脚部，加强外轮廓线，强调脚踝结构。

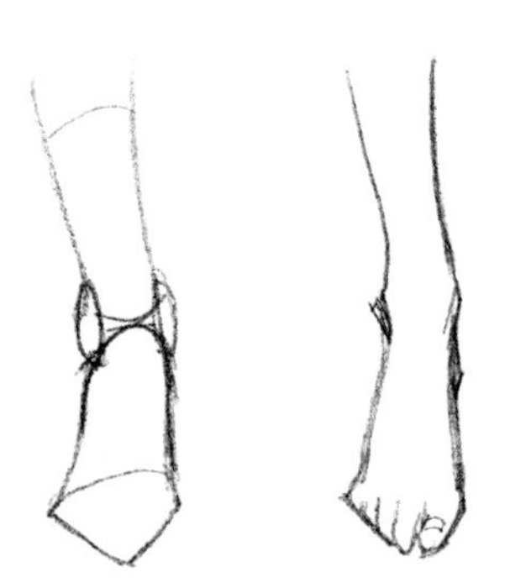

3. 侧面脚部的绘制

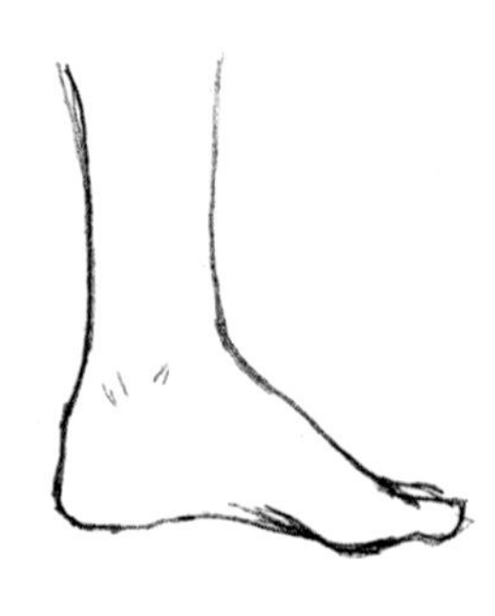

3.4.3 手部的结构与绘制

手部一直是服装设计效果图绘制中的难点，关键在于观察与绘制时，要把关注点从手指或指甲这种细节处转移至手掌与手指的方向上。

1. 手部的体块化理解

手部体块有点类似于连指手套，分为：手掌、拇指、回指和手腕四部分。

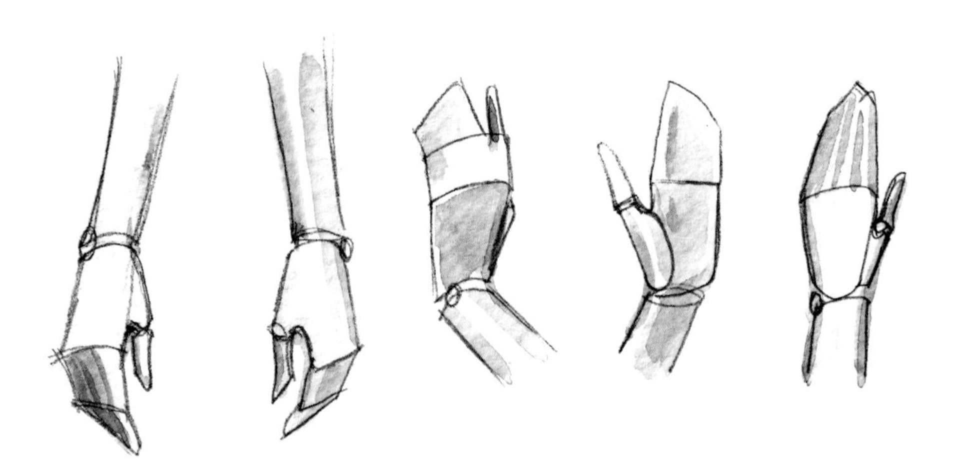

2. 正面手部的绘制

Step

1. 依次画出手腕、手掌和拇指的方向。
2. 分出手指宽度并明确指关节结构。
3. 将外框线画圆顺，绘制出局部手指的指甲。

注：手部描绘的线条要比较硬，以表达和明确手部的各个关节转折。

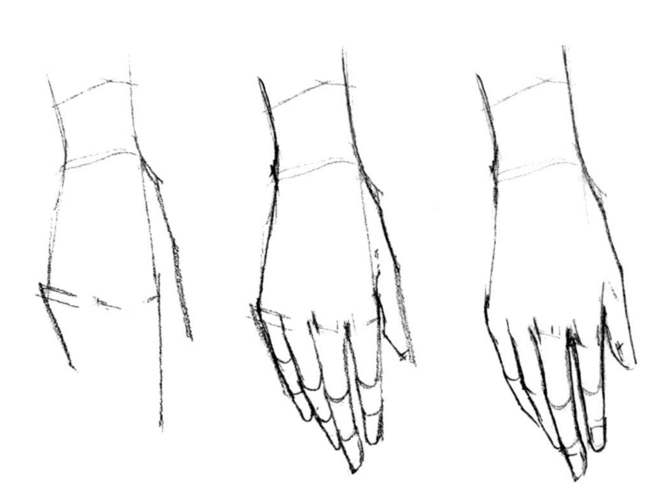

3. 侧面手部的绘制

4. 手部的单色水彩表现

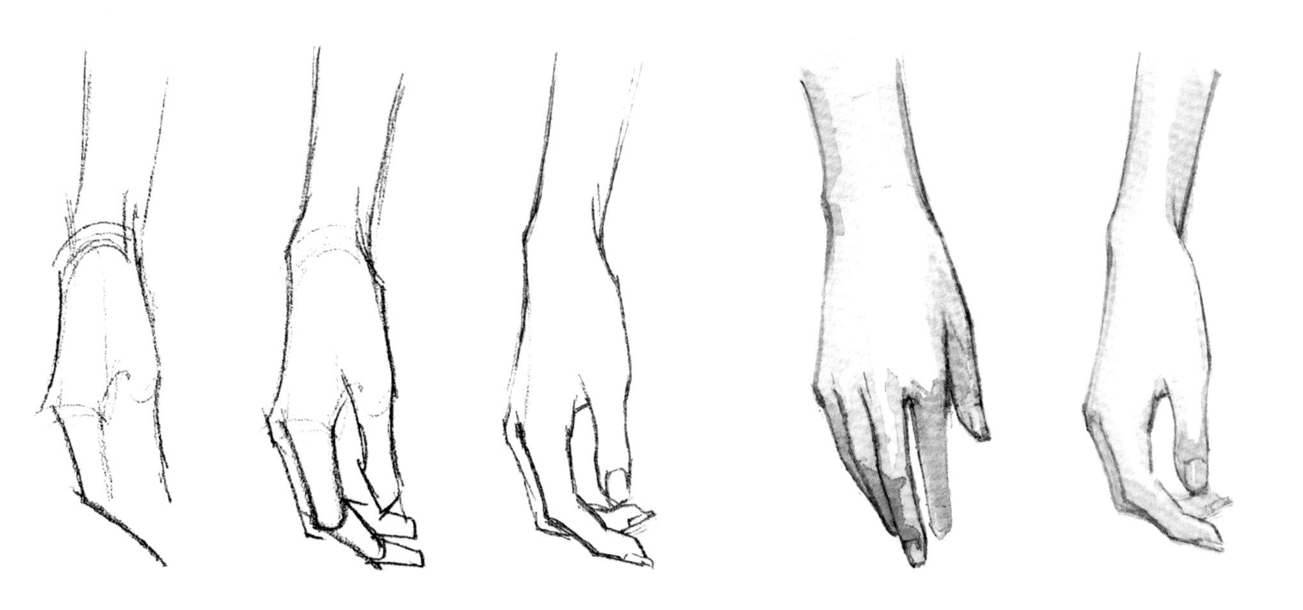

5. 手部的绘制步骤详解

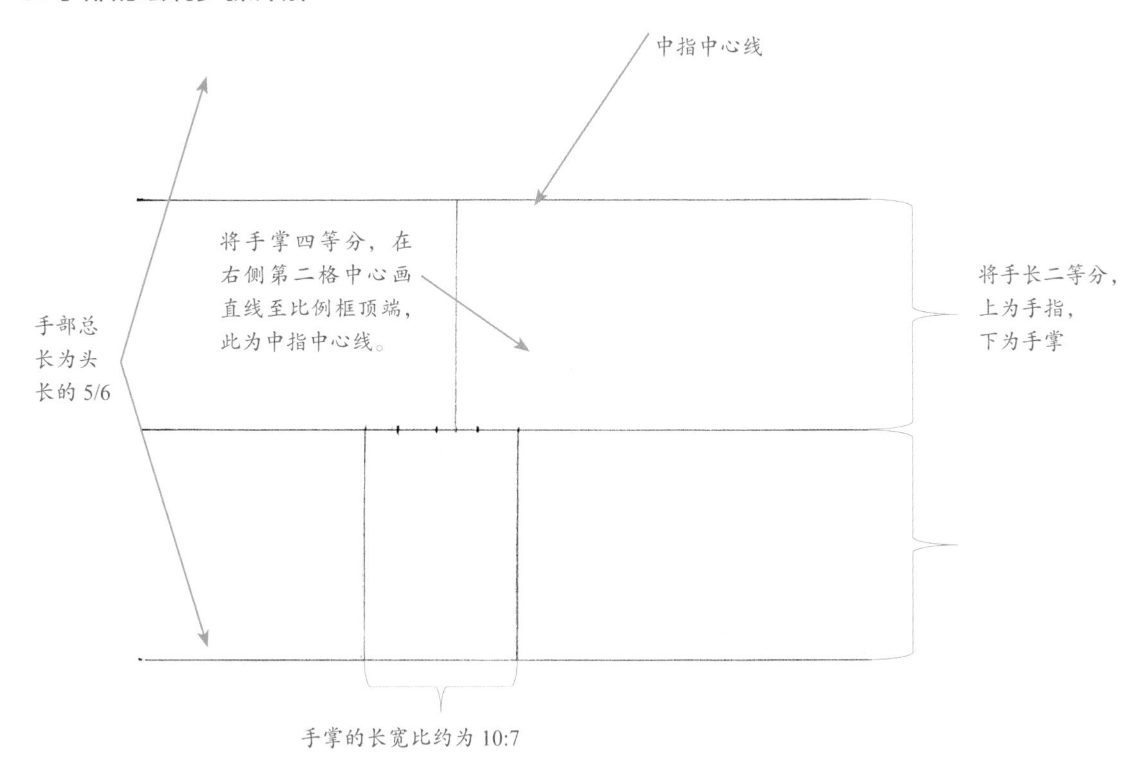
中指中心线
将手掌四等分，在右侧第二格中心画直线至比例框顶端，此为中指中心线。
手部总长为头长的 5/6
将手长二等分，上为手指，下为手掌
手掌的长宽比约为 10:7

Step 01

1. 画出手部比例框，高为 5/6 头长。
2. 将手长二等分，上为手指，下为手掌。
3. 按与手掌长 10:7 的比例定出手掌宽，并画出代表手掌部位的长方形。
4. 将手掌宽四等分，在右侧第二格中心处向上画直线，此为中指中心线。

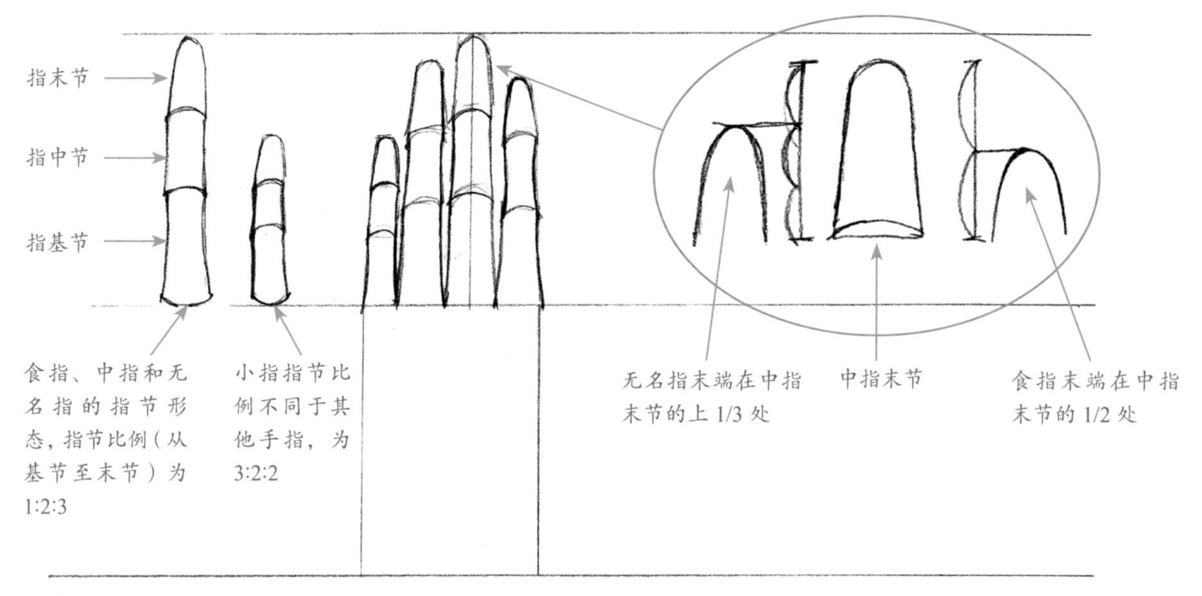
指末节
指中节
指基节
食指、中指和无名指的指节形态，指节比例（从基节至末节）为1:2:3
小指指节比例不同于其他手指，为3:2:2
无名指末端在中指末节的上1/3处
中指末节
食指末端在中指末节的1/2处

Step 02

1. 按 1:2:3 的比例依次画出中指各个指节。
2. 在中指末节 1/2 处定出食指的长度，并画出食指指节。
3. 在中指末节上 1/3 处定出无名指的长度，画出无名指指节。
4. 小指的末端在无名指末节下方。
5. 按 3:2:2 的比例划分出小指指节。

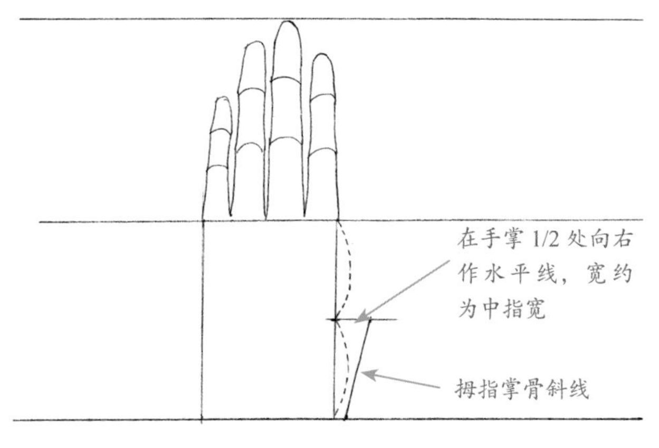
在手掌1/2处向右作水平线，宽约为中指宽
拇指掌骨斜线

Step 03

1. 将手掌食指侧二等分，画出宽度为中指宽的水平线。
2. 手掌下端稍向外，连接上方水平线，画一条斜线，为拇指掌骨斜线。

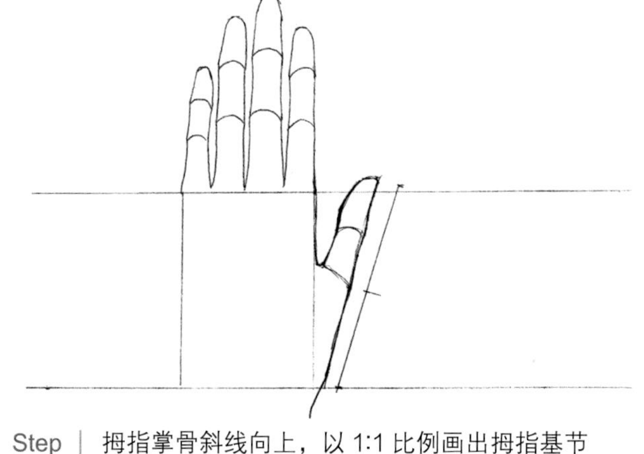

Step 04

拇指掌骨斜线向上，以 1:1 比例画出拇指基节与末节。

注：拇指只有两个指节。

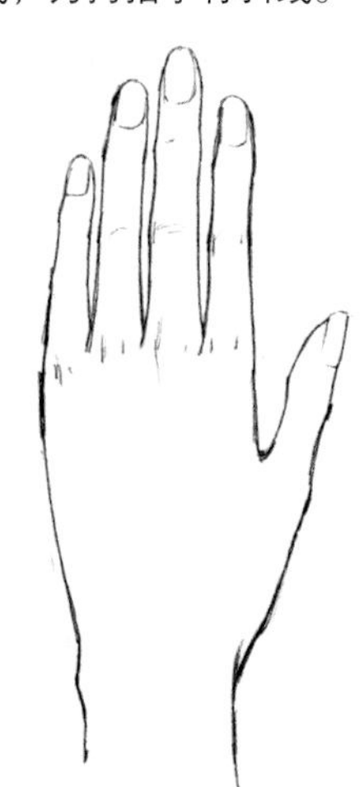

Step 05

擦除辅助线，将外框线画圆顺，画出指甲。

6. 常用手部动态模板

双手叉腰绘制范例一

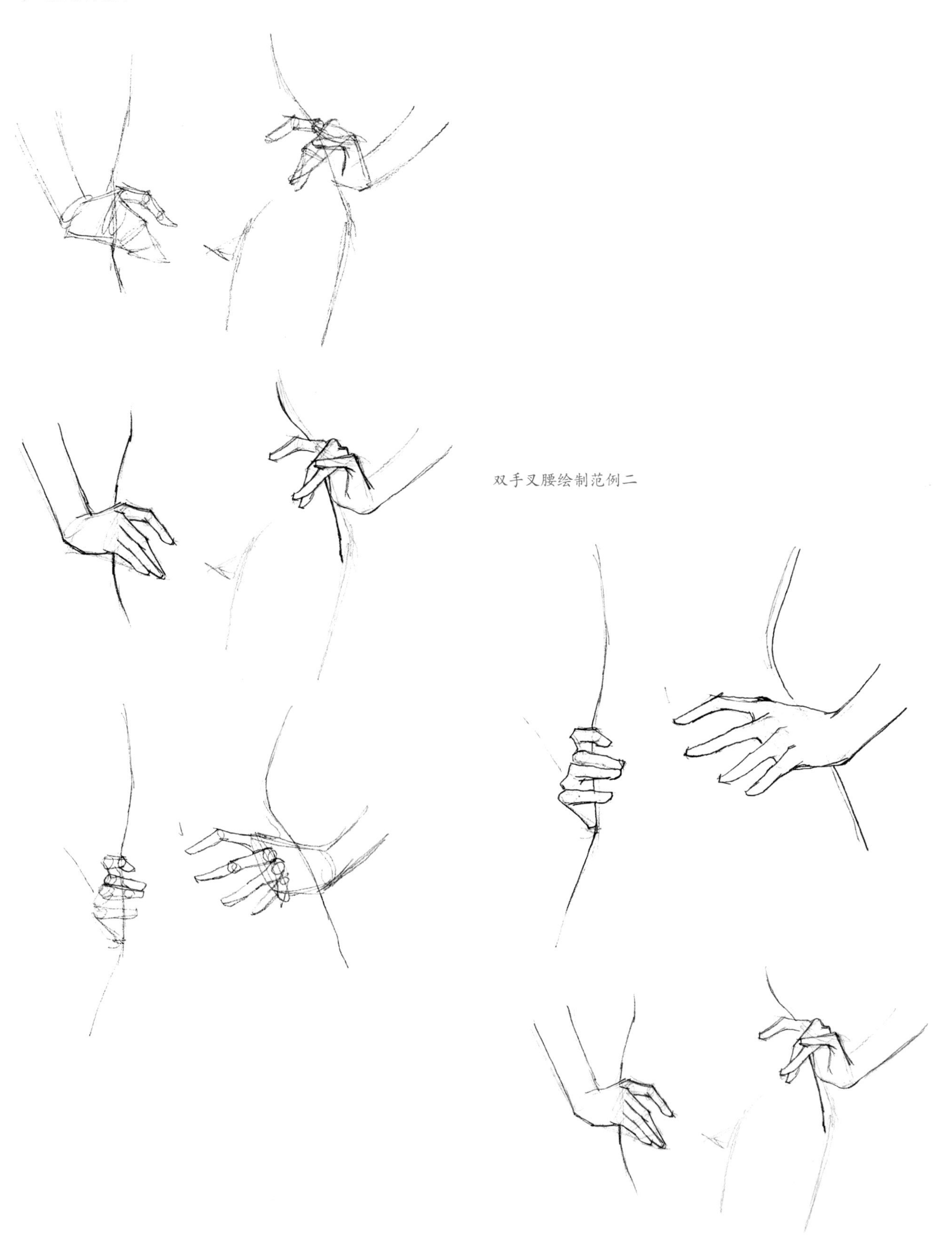

双手叉腰绘制范例二

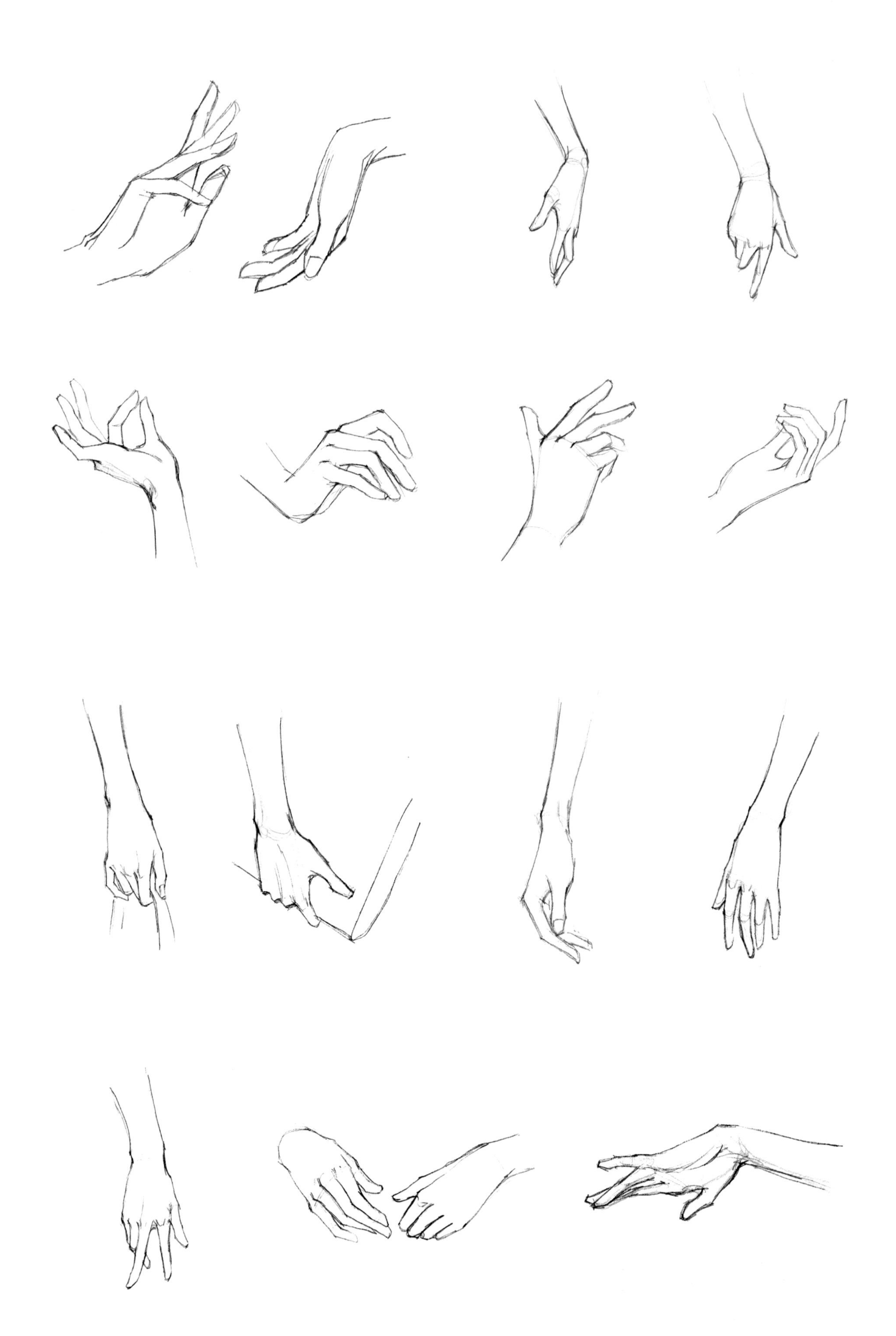

3.4.4 精致华丽晚礼服绘制

Step 01

用较轻的线条画出人物线稿，人物肌肤处的外边缘线需要画得明确一些。晚装裙摆较大，需用长直线适当简化衣纹褶皱。

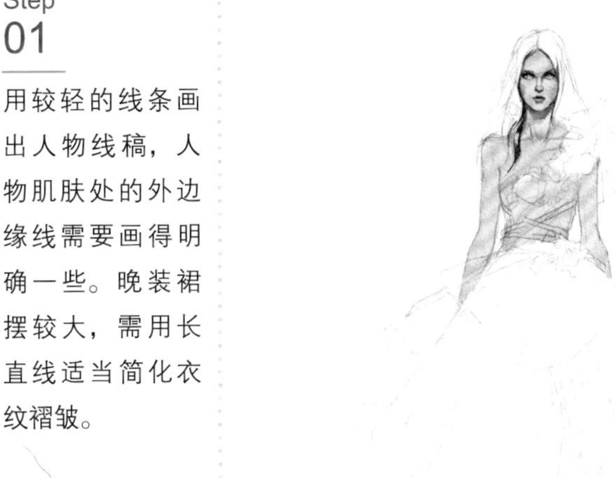

Step 02

湿润画面，用生赭石＋品红，薄涂人物肌肤区域，用品红色染双颊红晕。用生赭石＋品红＋少量花红，逐层加深面部眼窝、鼻底及面部周围的阴影区域。再混入少量氧化紫，薄涂出下颌落在颈部的阴影。用透明氧化铁＋少量氧化紫，画出左前胸处部分发缕。

Step 03

用氧化紫＋少量花红勾画出人物眉眼部细节。用浅镉红勾画出唇部色彩，注意上唇的颜色要稍微深一些。用透明氧化铁薄涂头发的底色，并在头顶颞骨处留出高光。待画面半干时，用 2 号水彩笔蘸取熟褐＋紫红，叠深头发的阴影区域。

Step 04

用同样的方式画出右侧头发，注意披散头发的边缘处要混入一些浅群青，以增加头发的体积感。在躯干处先薄涂一层淡粉色，待画面完全干燥后，将氧化紫与品红相调和，勾画出服装的斜向拉褶。

Step 05 用浓郁的紫红色画出前胸花饰的基本形态，趁湿用氧化紫点染花卉层次。

Step 06 用品红 + 微量氧化紫 + 大量水，选择 8 号水彩笔，薄涂裙摆的部分区域。注意下笔要果断，笔上的水分不宜过多。

Step 07 用紫红 + 氧化紫 + 少量群青 + 适量水，依次叠深裙摆的阴影区域。再混入少量生赭石，薄涂裙摆中间与右侧的偏黄调区域。

Step 08 用品红 + 氧化紫加深裙摆众多褶纹中的主要转折区域。注意对于褶纹的表现要有主次，避免均一化处理。

Step 09　用品红＋水，选择8号水彩笔，叠染部分裙摆，以增加服装的色彩饱和度。

Step 10　用紫红＋氧化铁（2号水彩笔）区分出裙摆褶皱的主要层次，转折处需要用谨慎的笔触加以强调。

Step 11　用氧化紫勾画出上身裙装的捆绑装饰丝绒带，趁湿用大点的笔触在躯干转折处局部叠深。用白墨水或高光墨水，勾画出前胸与腰际的浅色装饰花束。待画面干燥后，用裙摆的阴影色描绘出花饰落在裙摆上的阴影。

Chapter 04

服装人体的动态分析与模板

4.1 服装人体的体块特征

在绘制服装人体动态之前，需要将复杂的人体形态理解成如下图所示的简单几何形态。

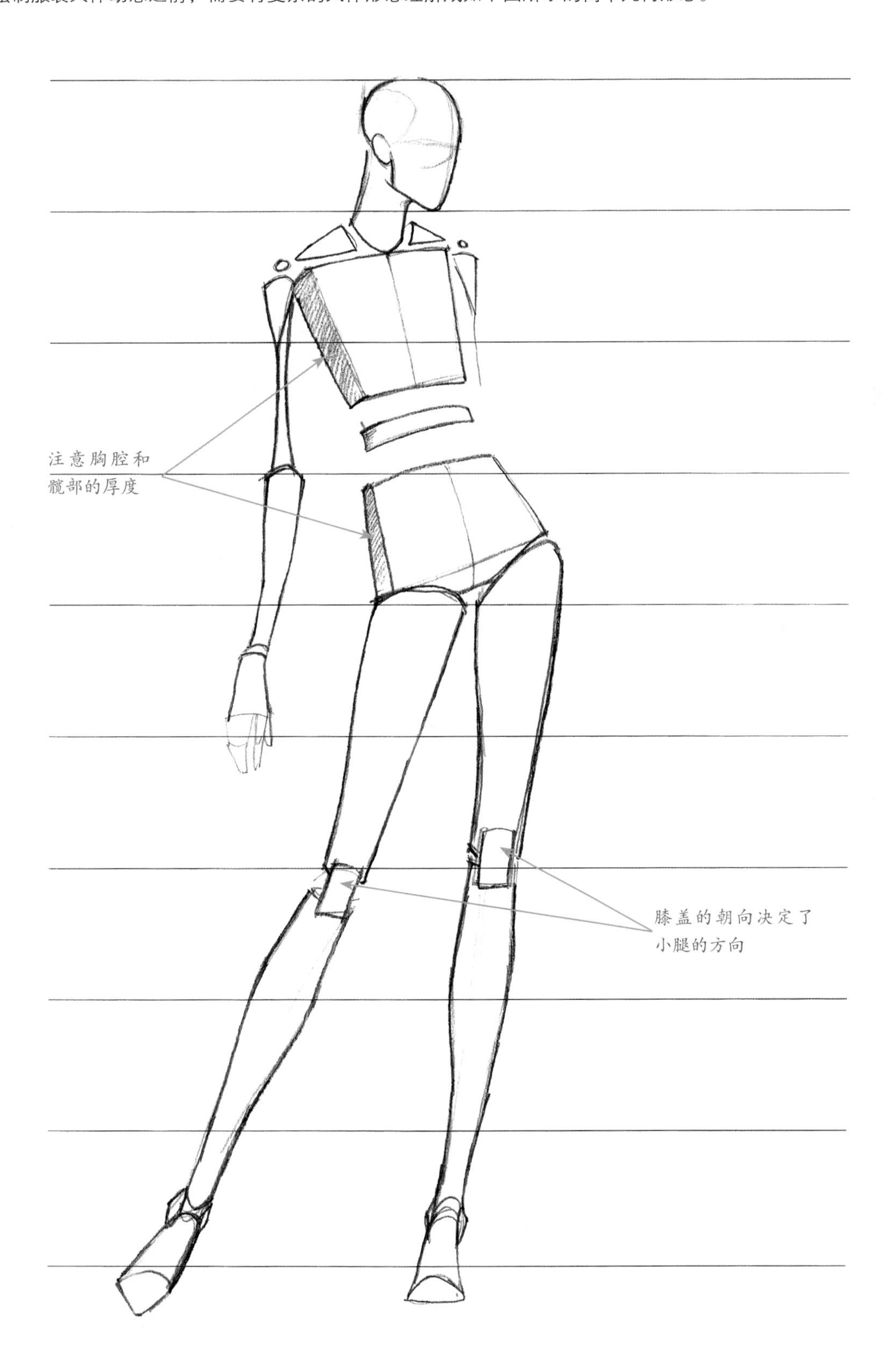
注意胸腔和
髋部的厚度
膝盖的朝向决定了
小腿的方向

4.2 静态人体绘制

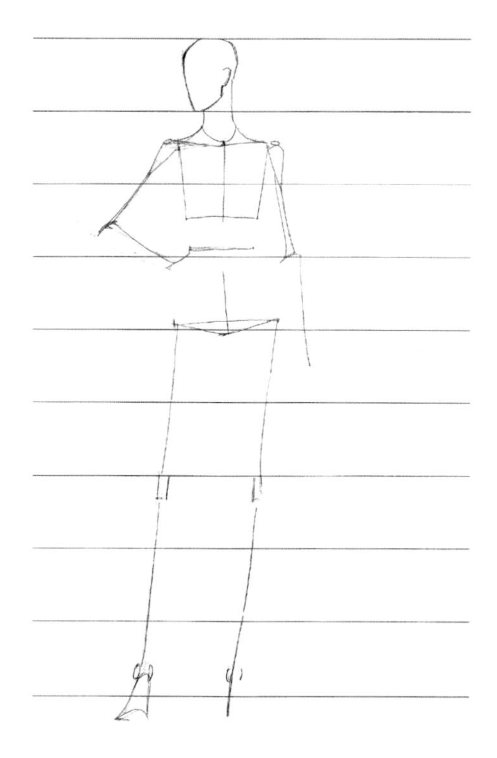

用长直线描绘出各部位骨骼的方向

绘制出各部位的几何形态

将外框线画圆顺，擦除辅助线

4.3 动态人体绘制

服装人体的动态分析与还原是服装设计效果图绘制中的进阶难点，理想的效果应该是比例恰当与动态的适度夸张并重。

4.3.1 绘制辅助线

辅助线对于动态表现非常重要。辅助线分为两种：躯干人体结构辅助线和动态表现辅助线。

1. 躯干人体结构辅助线：包括领圈线、袖圈线、侧缝线、公主线和腹股沟弧线。这种辅助线是明确躯干朝向的重要参考，也为后期人物着装提供极大的帮助。

2. 动态表现辅助线：包括肩线、胸围线、腰围线、臀围线、前中心线和重心线，是表明人体动态的主要辅助线。其中，重心线决定了人体的平衡，一般由颈窝点引一条垂直线至承重腿的内脚踝处。前中心线具有一定的起伏。

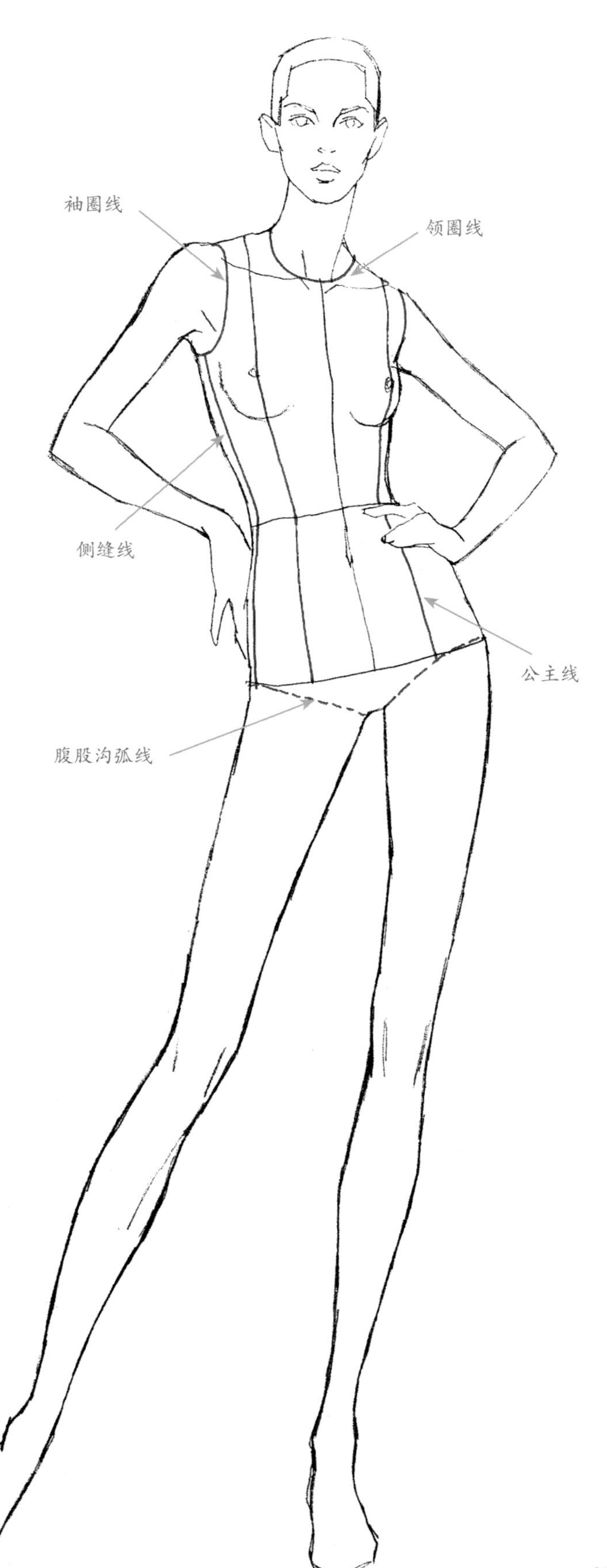

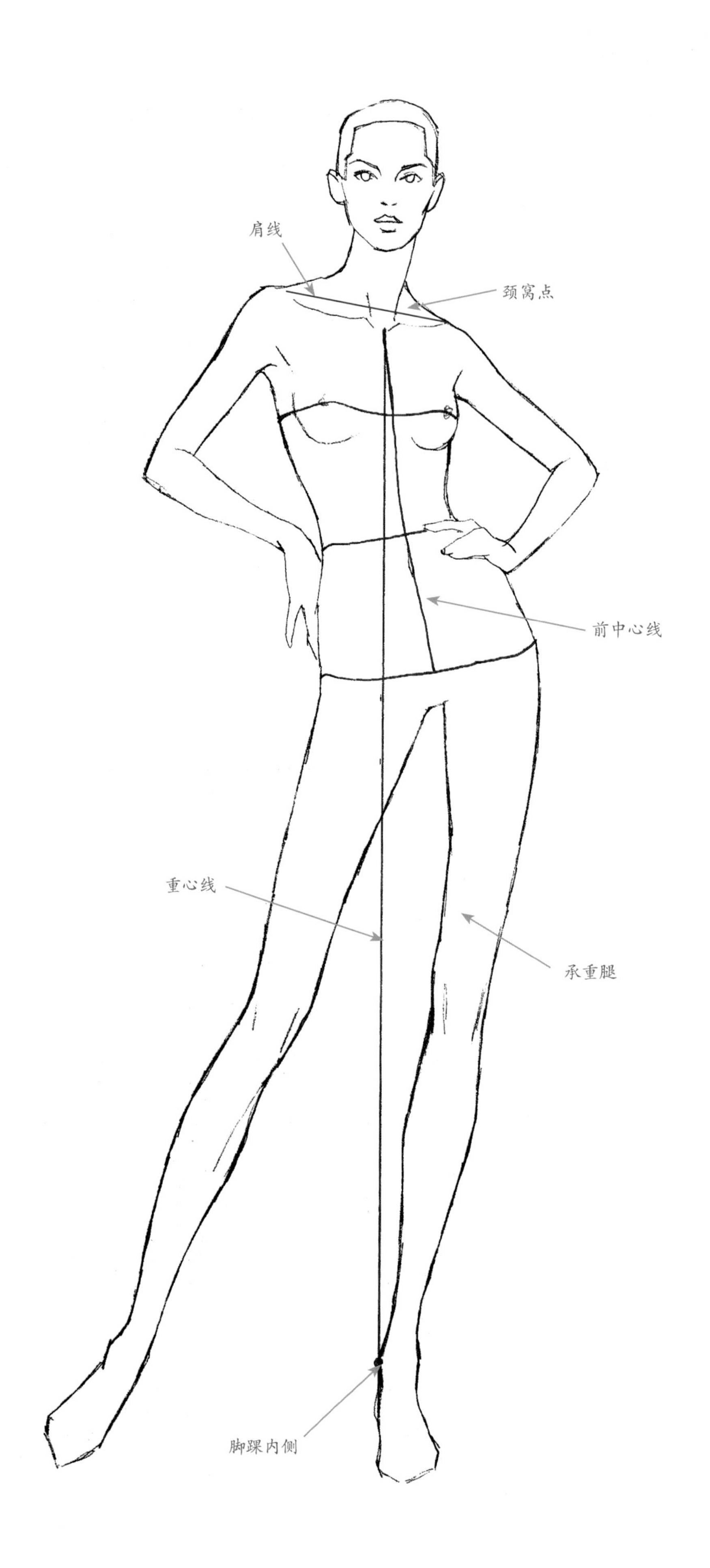
肩线
颈窝点
前中心线
重心线
承重腿
脚踝内侧

4.3.2 动态人体线稿绘制

动态的表现非常注重步骤，观察时要暂时忽略掉肌肤的起伏，把关注点放在动态表现辅助线的斜度上。

画出动态草稿，
只关注各辅助线斜度

画出简练斜线，
此时要注意适度夸张斜度

参考体块几何形态
填充骨骼线

完成绘制，
注意乳房的不同朝向

4.4 服装人体动态模板

本节列举了 12 个常用的人体动态模板（9 头身比例），方便初学者临摹练习。进阶者要关注人物躯干朝向和肌肉起伏的线条变化。

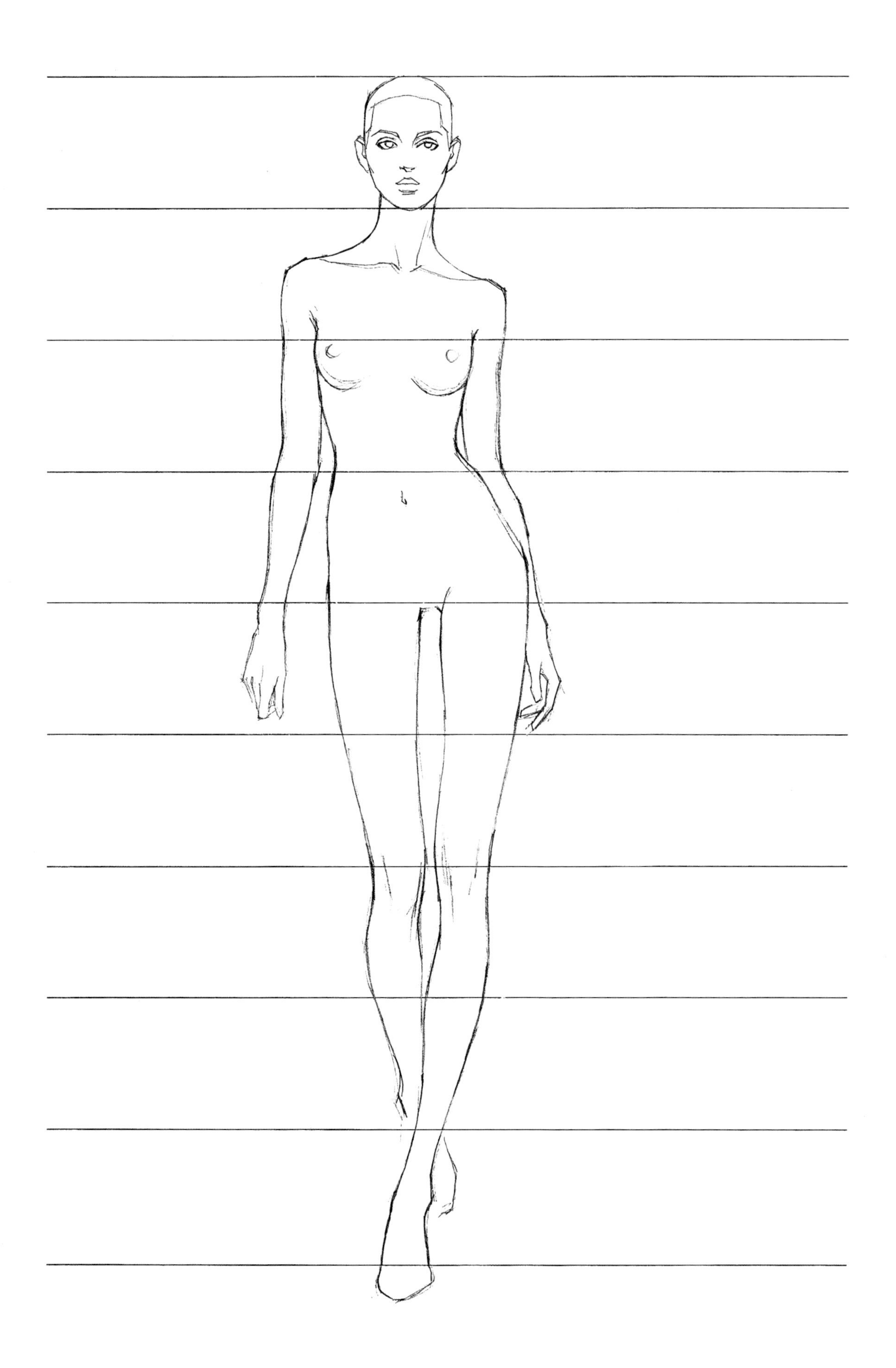

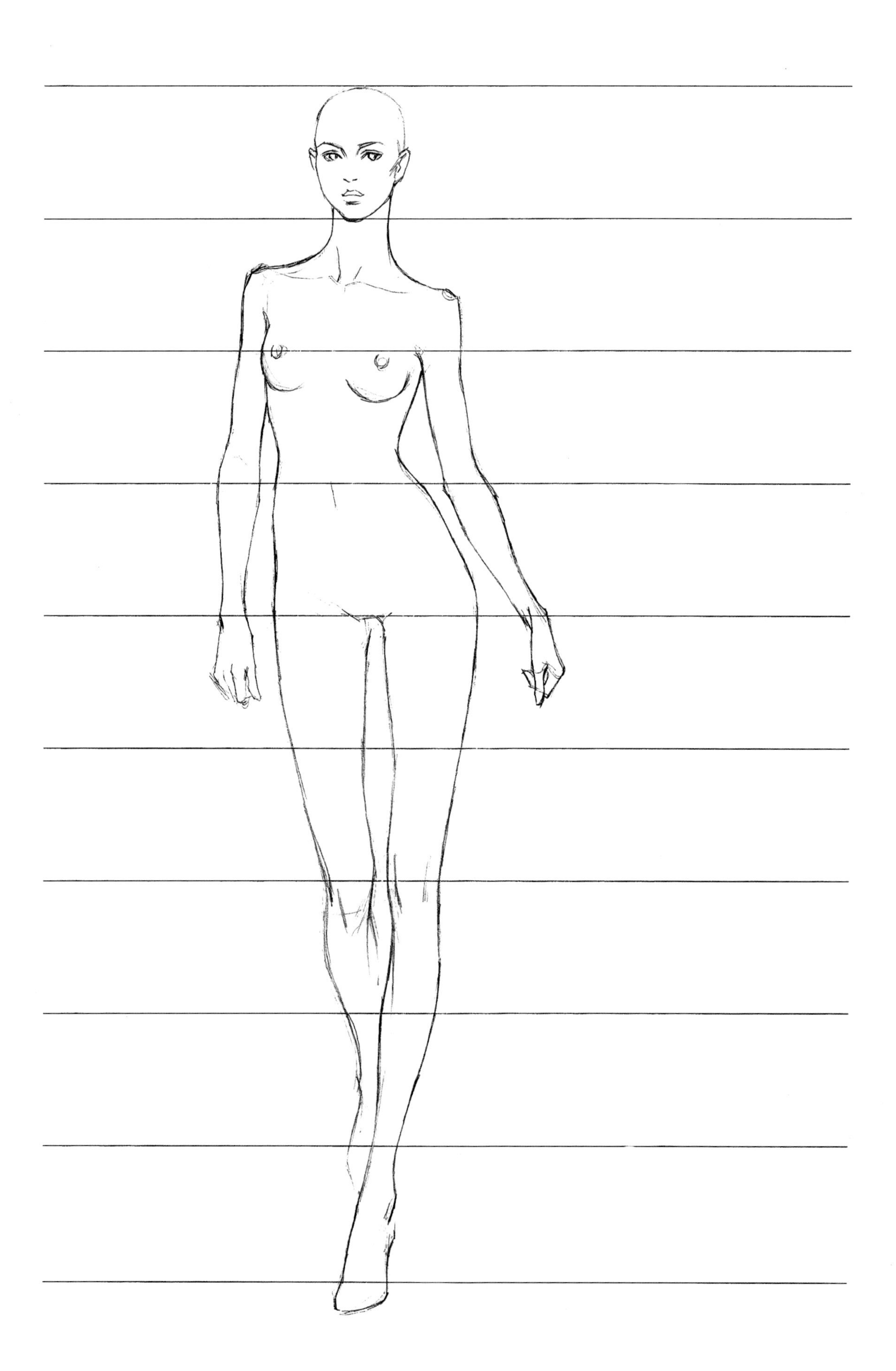

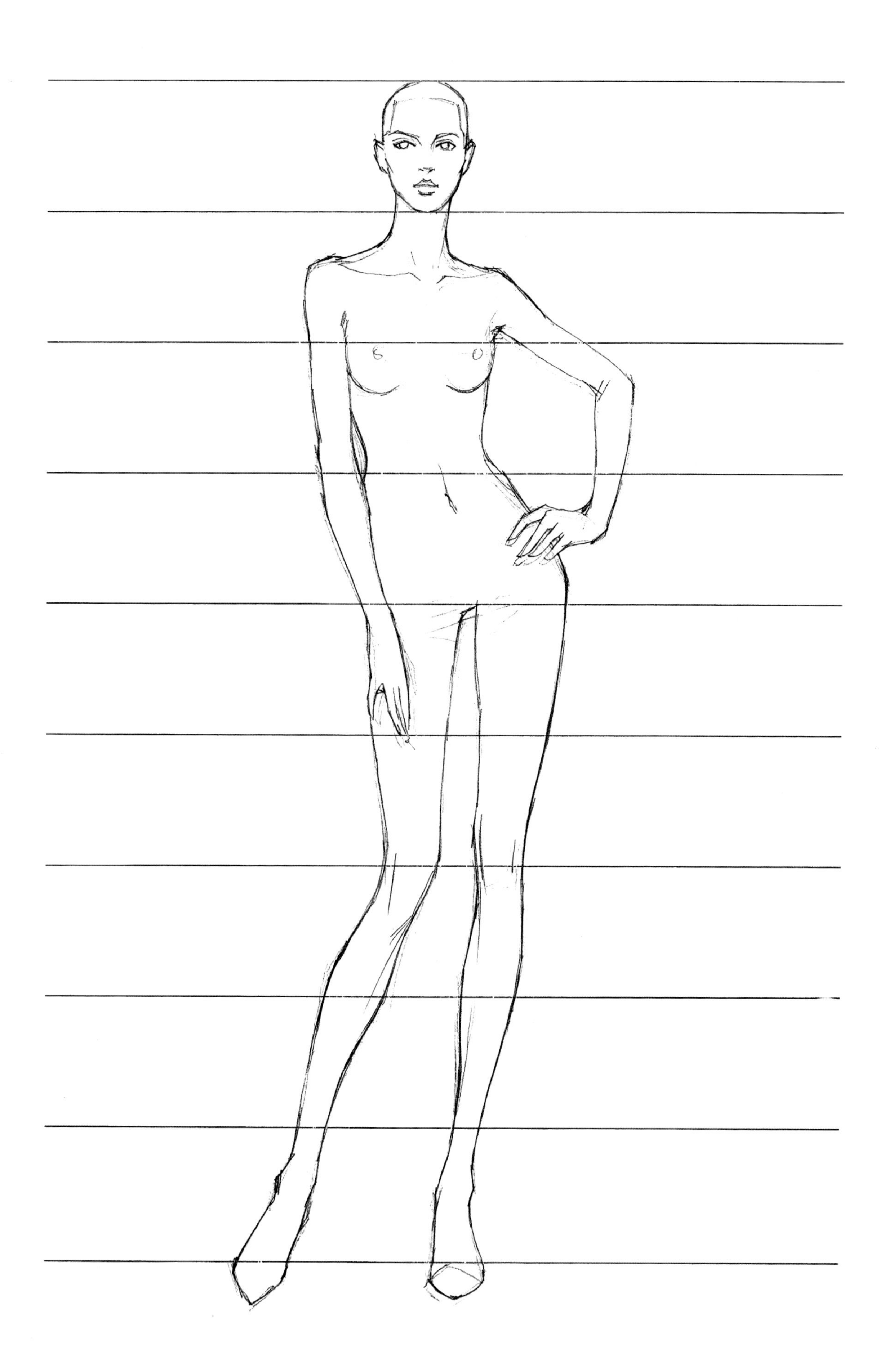

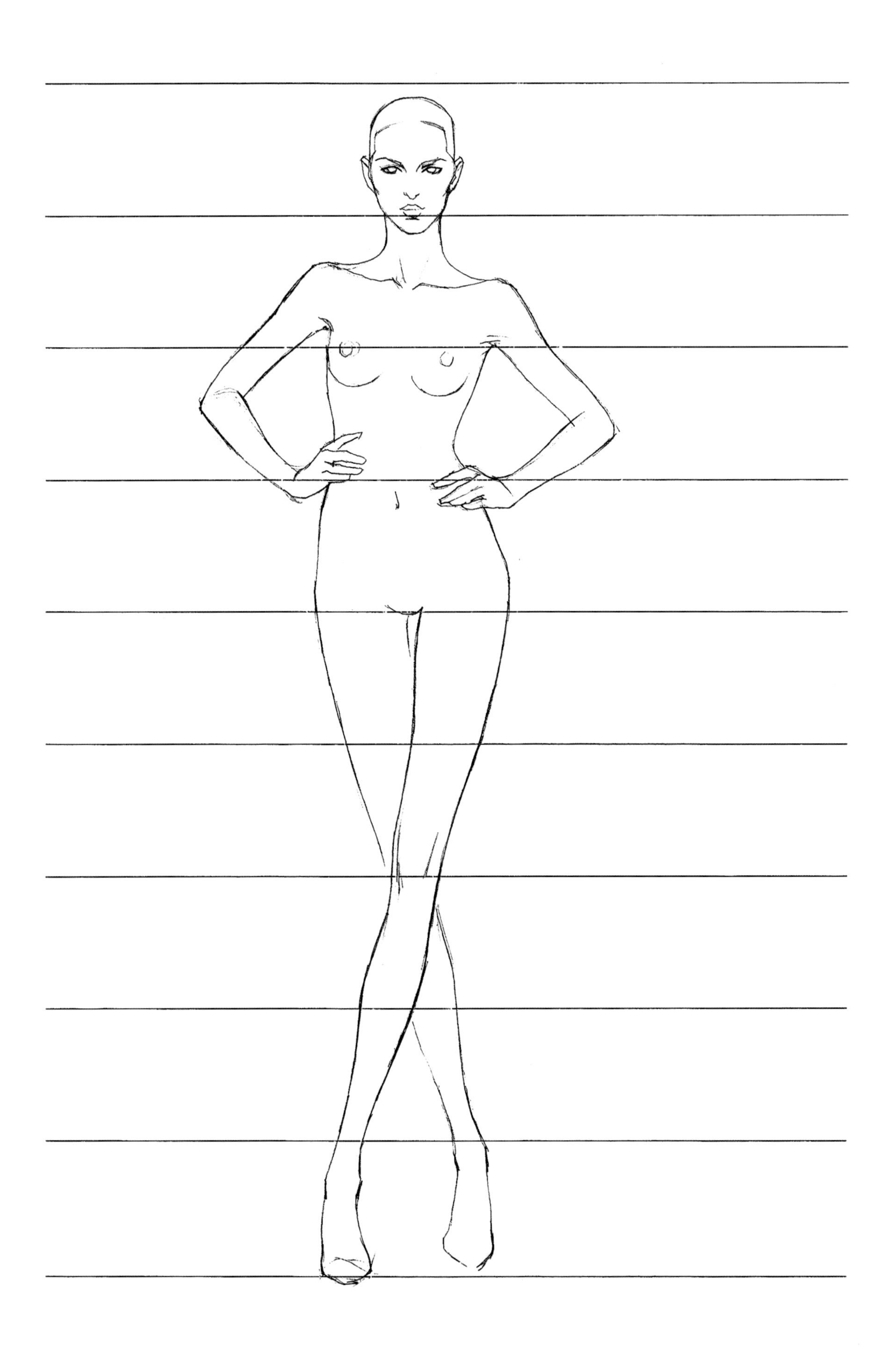

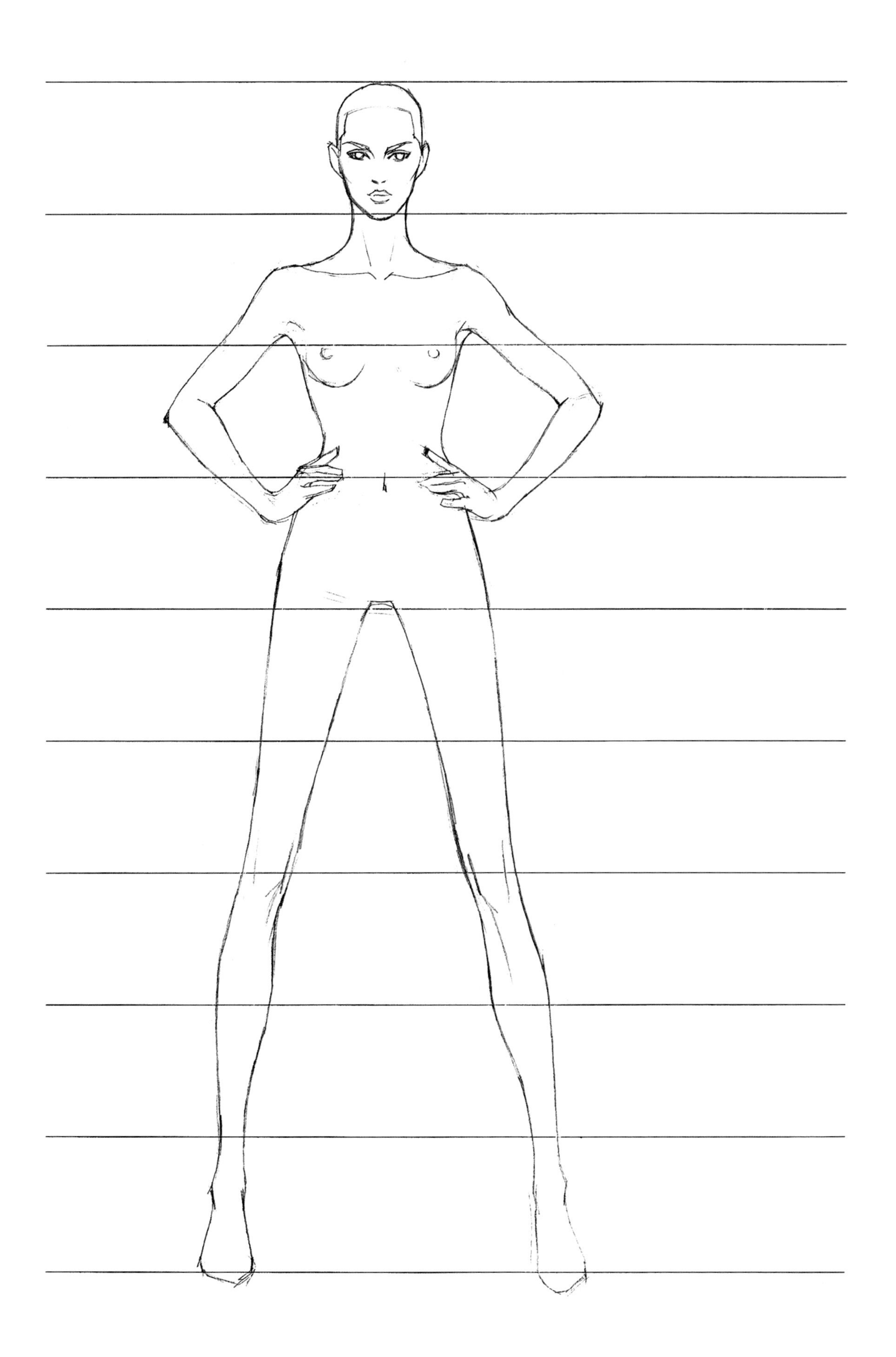

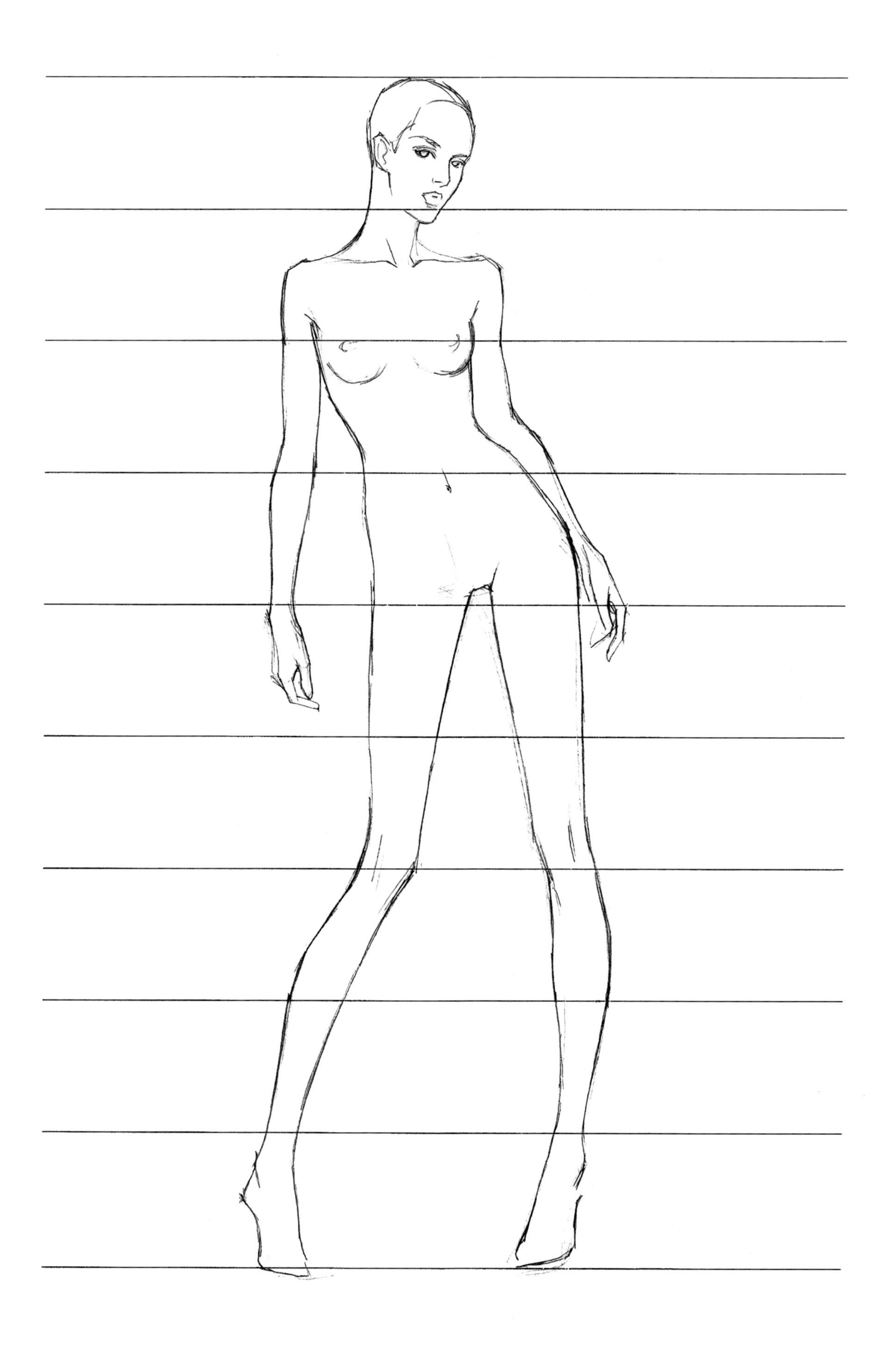

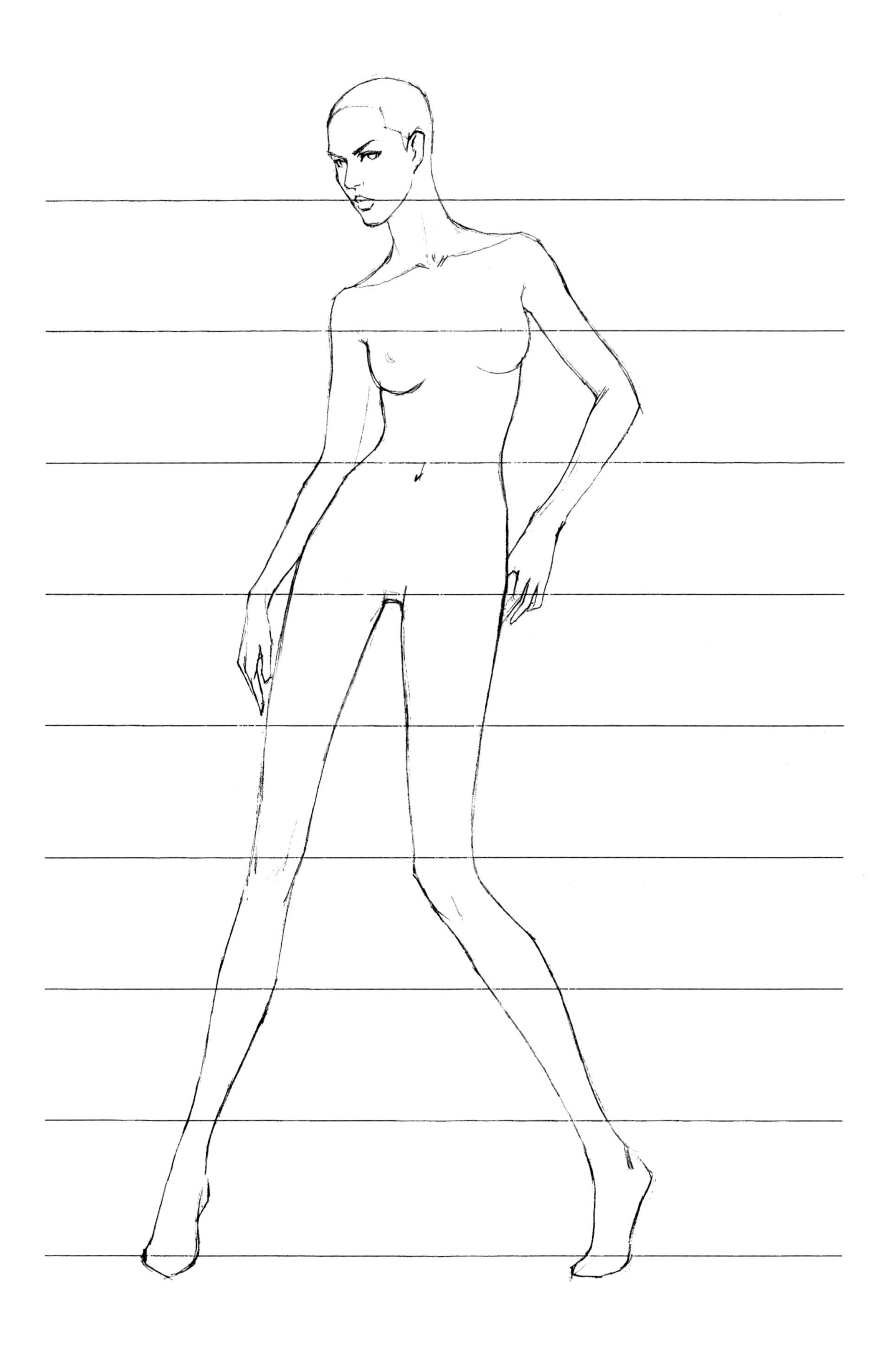

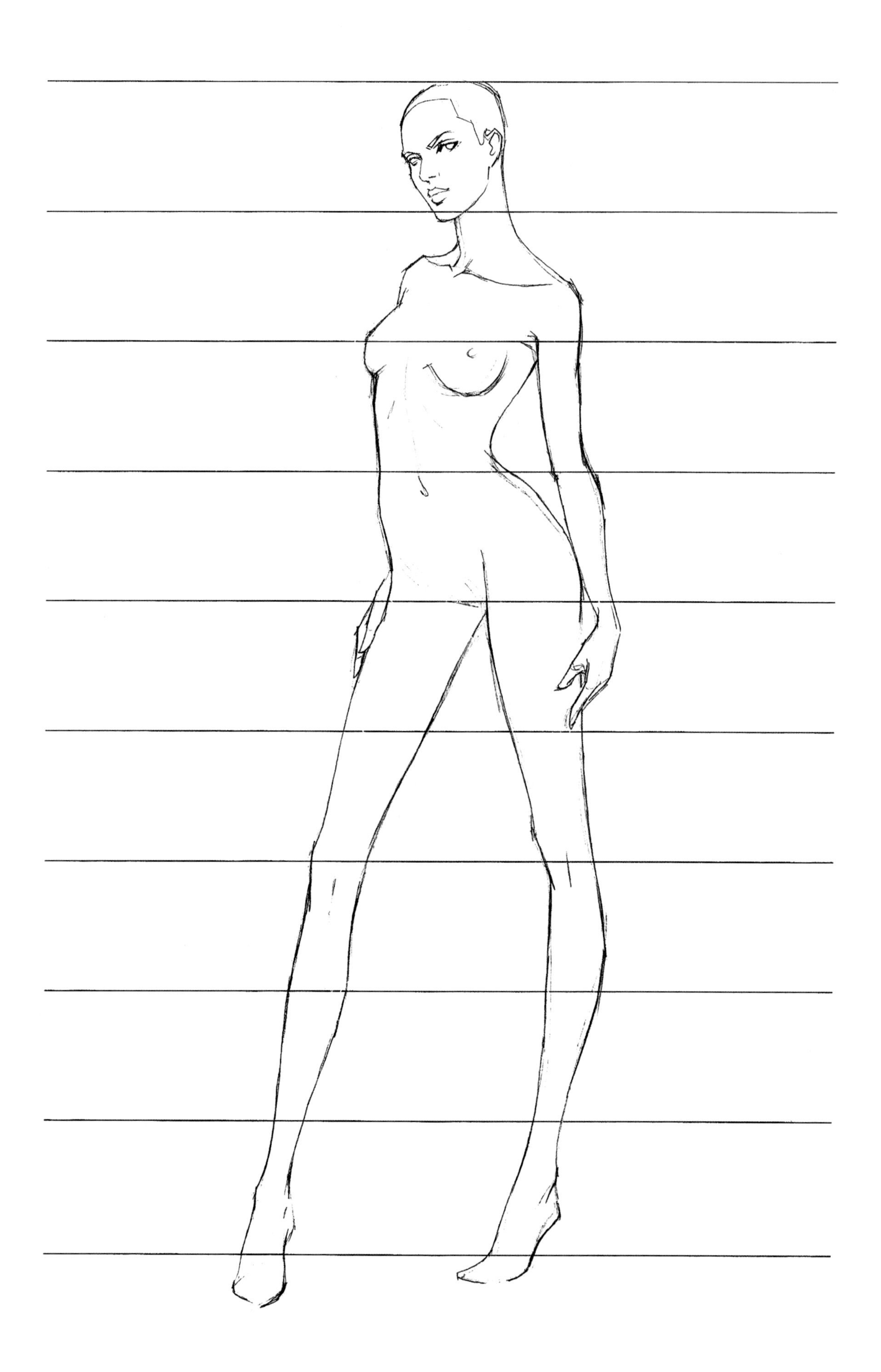

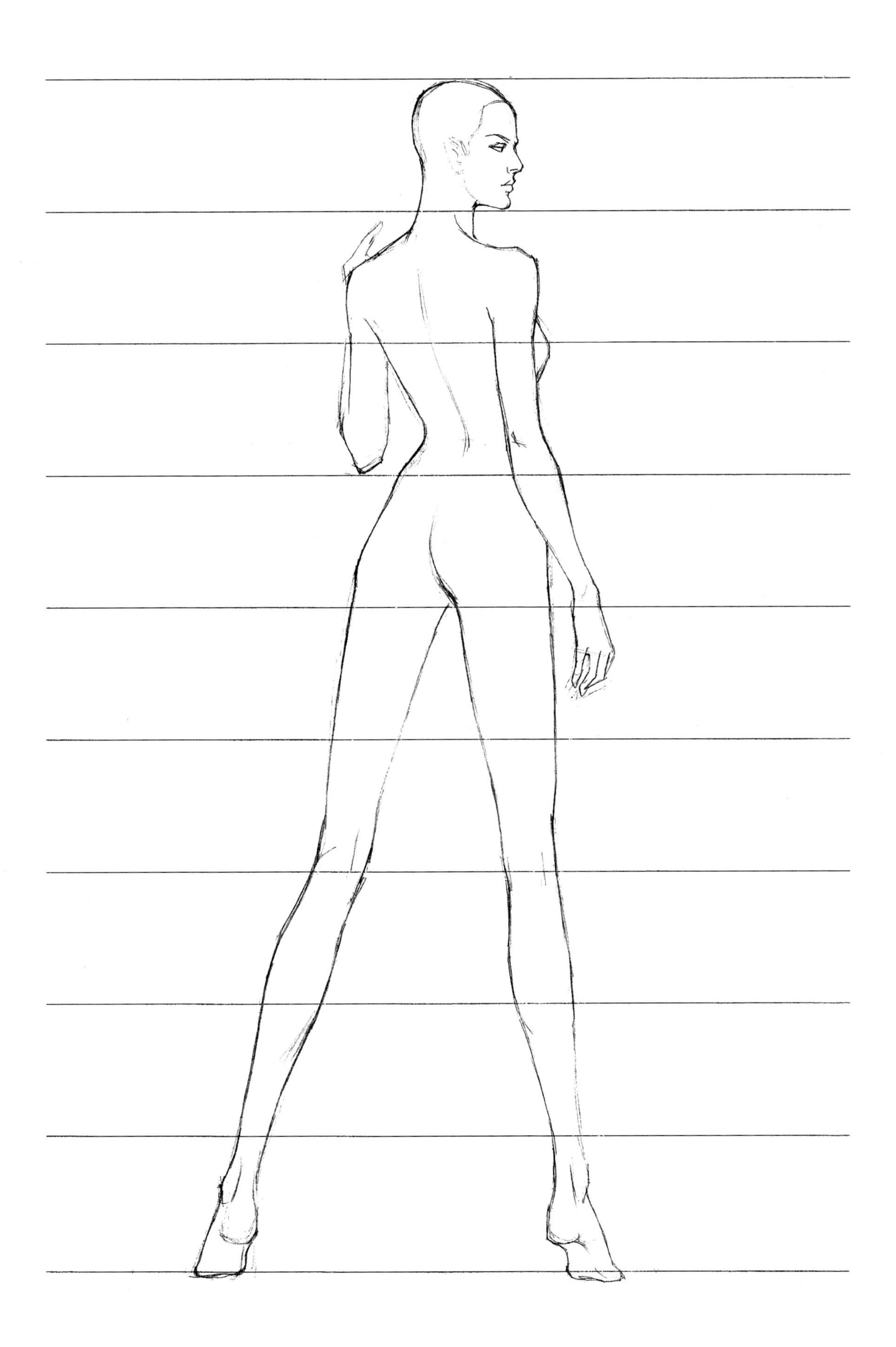

Chapter 05

服装设计效果图着装表现与绘制

5.1 服装与人体的空间关系

常规服装与人体都存在着一定的距离（高弹性紧身衣除外），这种内空间关系也称为服饰的“松量”。面料的拉扯与松量就产生了各种形态的衣纹，服饰衣纹的合理化表现可以大幅度提升服饰的面料质感与画面效果。对于初学者而言，掌握最基本的服饰裁剪原理，对于服饰表现而言是很有必要的。

宽松服装与人体的内空间关系

5.1.1 服装的省道与松量

为了符合人体表面的起伏度，服饰面料会进行一定的折叠，这就是服饰省道的基本原理。当款式比较合体时，就会出现省道（高弹性面料除外）。常规躯干部位的省道围绕在公主线附近。没有省道的服饰，着装效果是圆筒直身型的。

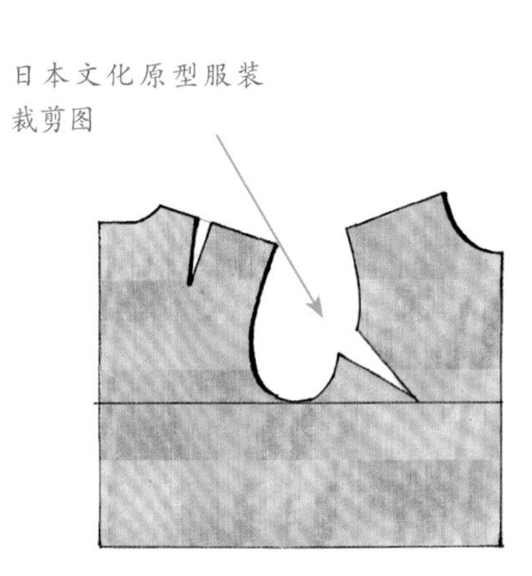
日本文化原型服装裁剪图

文化原型的着装效果
由于胸围线以下没有省道（面料的重叠），所以服饰是圆筒直身型的

5.1.2 服饰衣纹的产生原理与表现

1. 不同衣纹产生的原理

面料的拉扯与堆积，形成了服饰的衣纹。衣纹通常具有很强的方向性，而且不是独立存在的，可以将很多簇细小衣纹理解成衣纹组，其中强调大褶皱，弱化小褶皱。在衣纹的表现中，要注意纹理的走向与结构保持呼应，对衣纹进行归纳与适度简化。

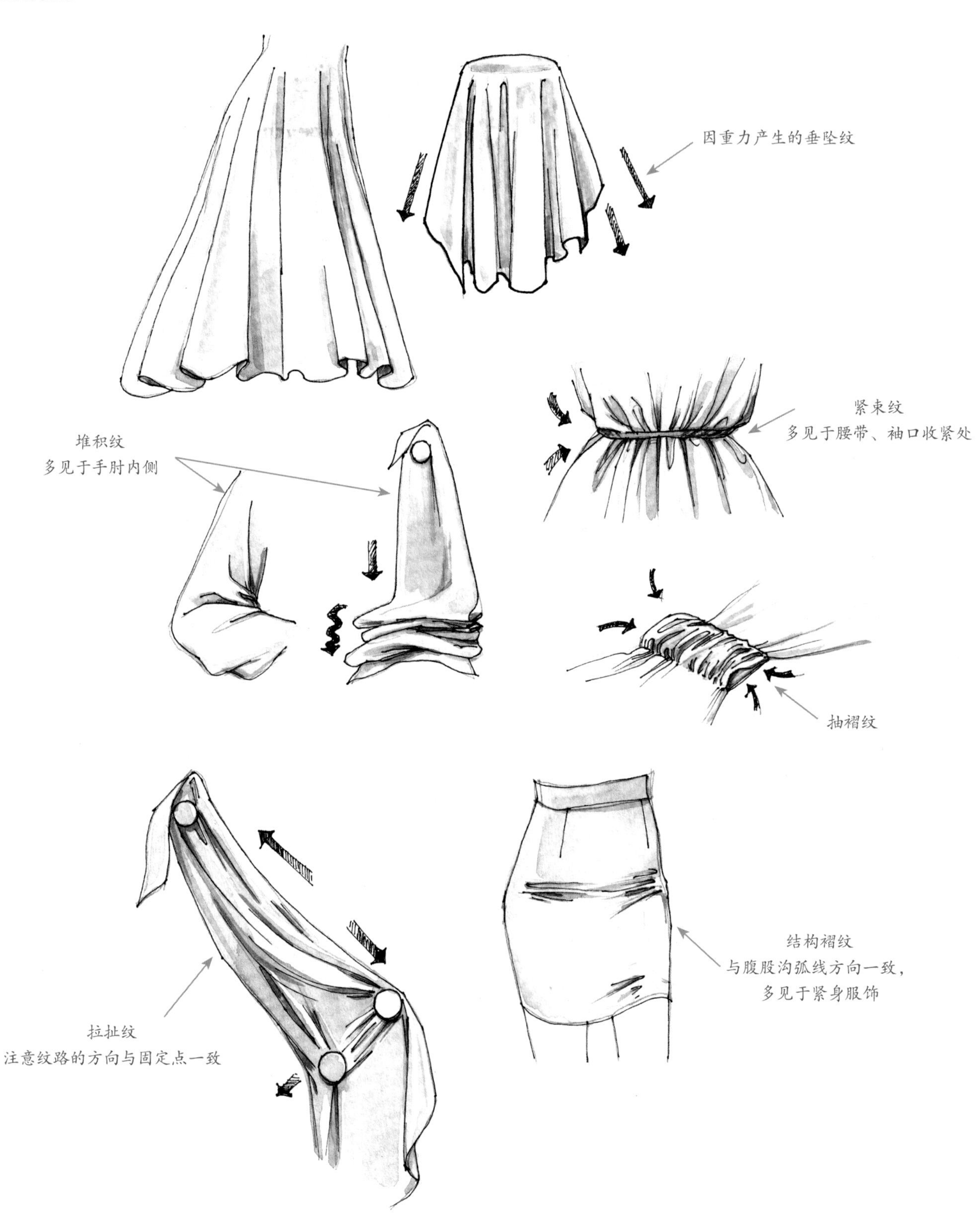

2. 不同部位的主要衣纹形态

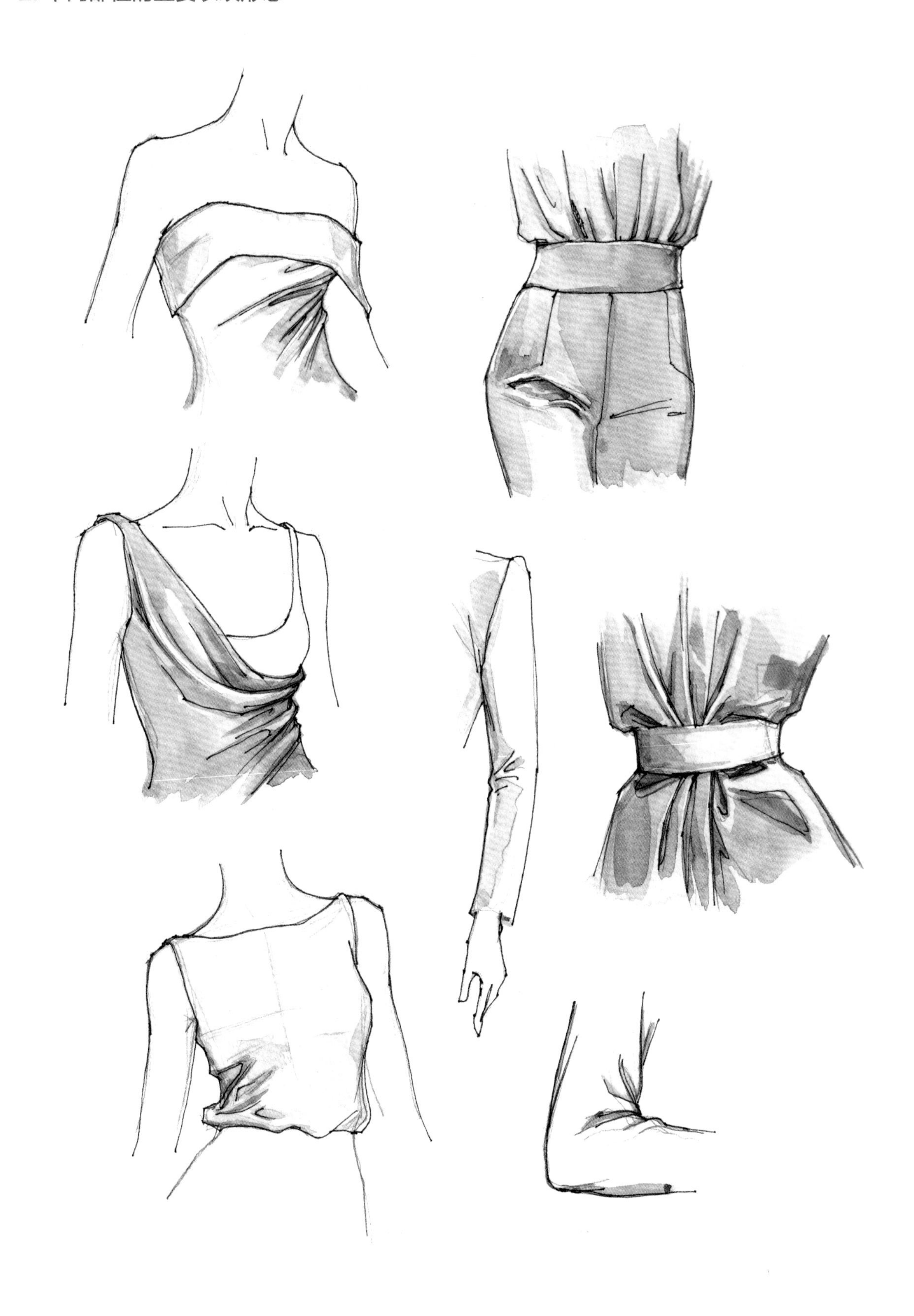

5.2 服装平面款式图的表现

绘制服装平面款式图的主要目的在于更精确地表达服饰的廓形、结构细节与工艺细节，对服装设计效果图进行辅助性的说明与补充。

5.2.1 人台模板的运用

为了更快捷地绘制出大小一致的平面款式图，绘制时需要使用人台模板。

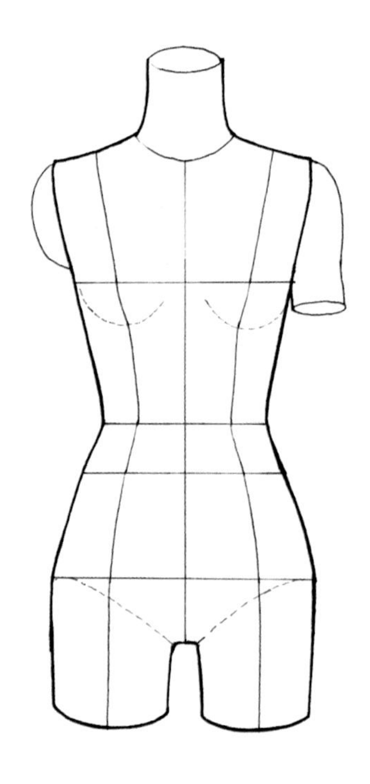

人台模板

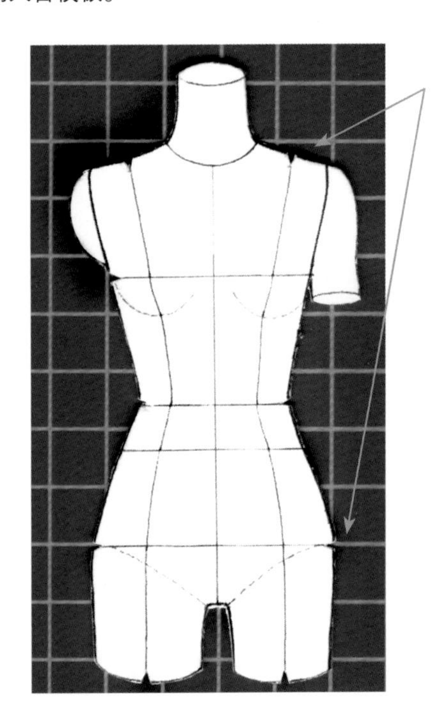

将人台模板打印出来，贴在硬卡纸上，在三围线、公主线处做剪口

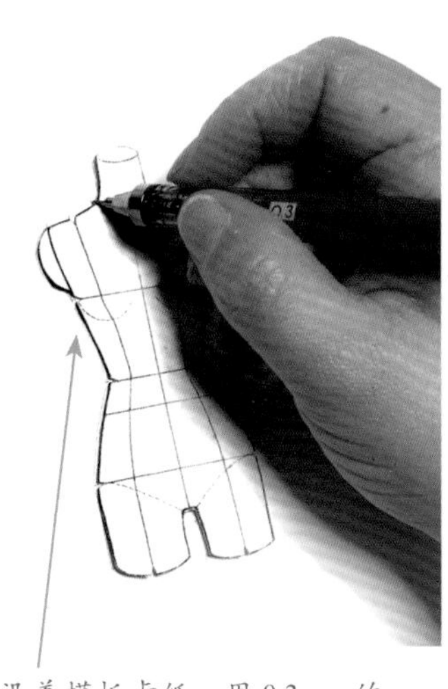

沿着模板卡纸，用 0.3mm 的自动铅笔描出外框

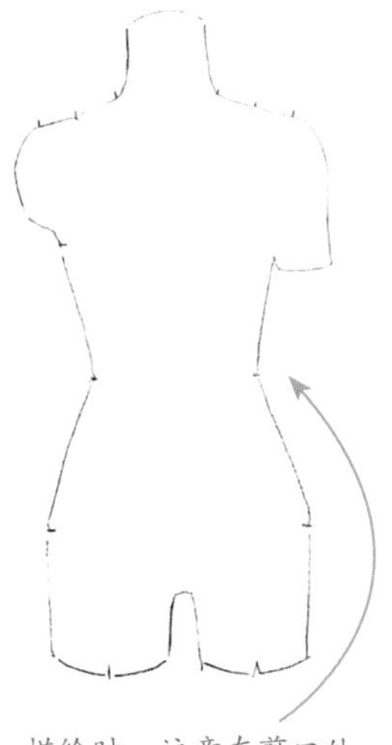

描绘时，注意在剪口处做好标记

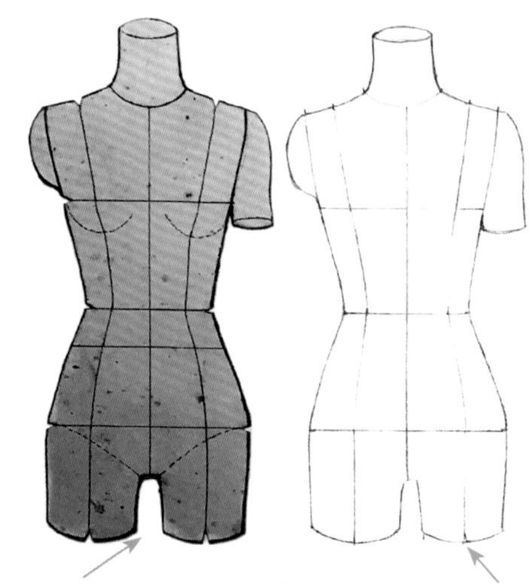

人台模板（硬纸卡片）

连接剪口，绘制出人台模板上的辅助线。绘制上装时，不需要画出腹股沟弧线（虚线处）

款式草图

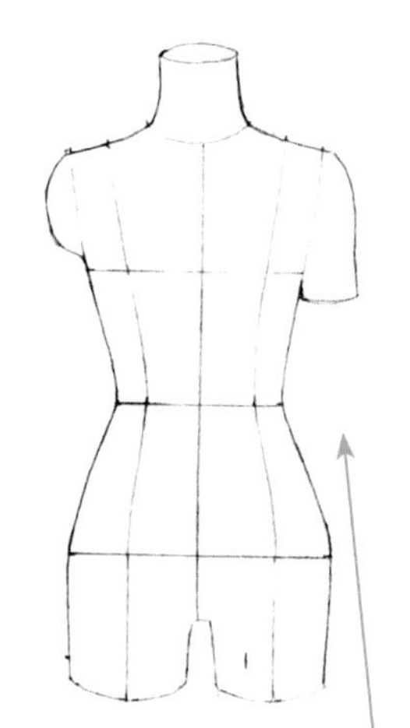

在人台模板上，用打点的方式定出服装的肩宽、袖宽、领高与衣长

连接各点，画出服装的外廓形线

进一步绘制出领子与袖口形态

绘制服饰内部的省道线与扣子

用针管笔勾线，并擦除人台模板线条，绘制完成

5.2.2 多种款式的平面化表达

5.3 利用动态模板完成人体着装

结合前文所绘制的服装人体动态图与平面款式图，进一步完成服装设计效果图的线稿部分，展示服装设计效果图线稿绘制的过程，帮助大家更好地理解线稿绘制。

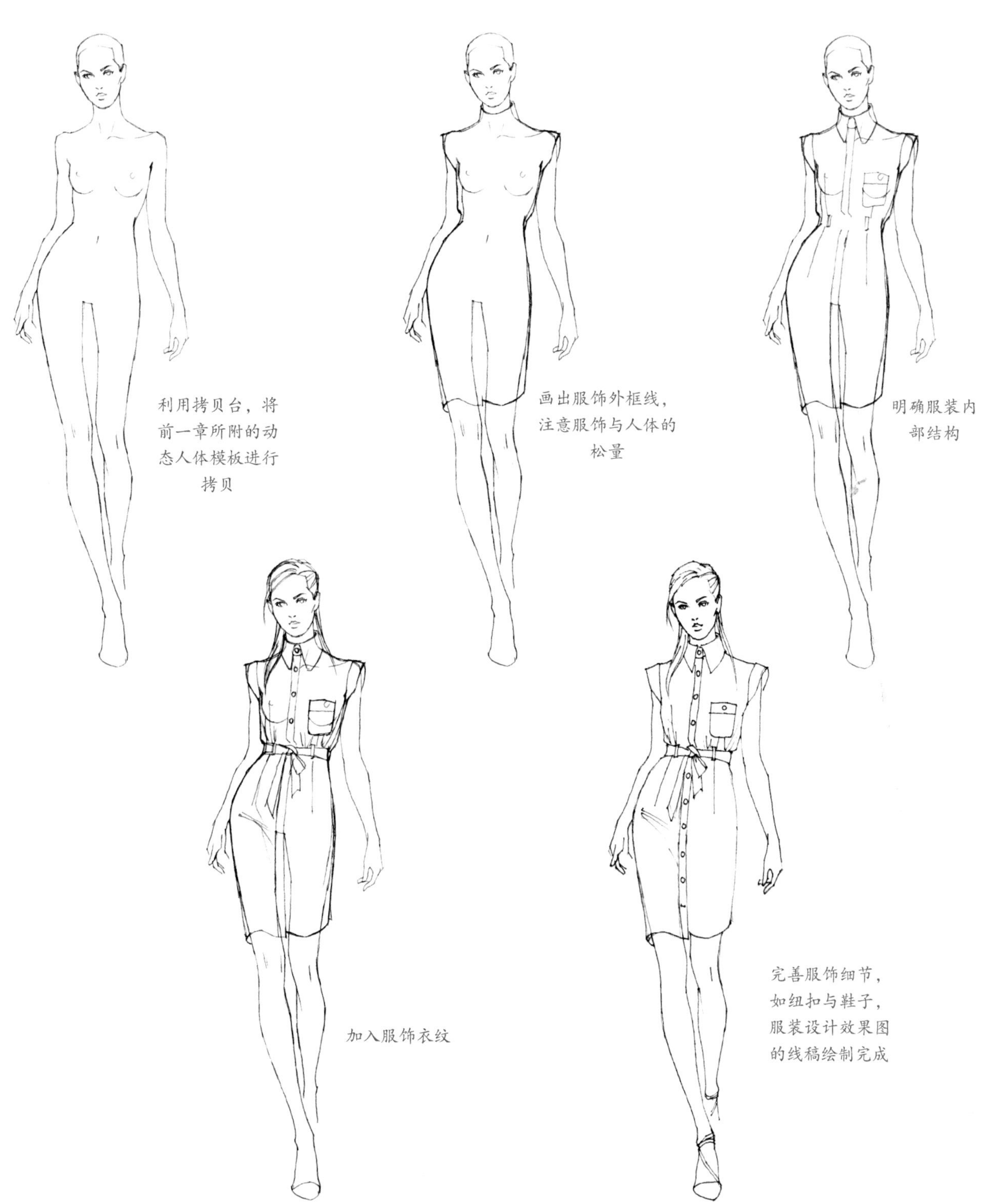

利用拷贝台，将
前一章所附的动
态人体模板进行
拷贝
画出服饰外框线，
注意服饰与人体的
松量
明确服装内
部结构
加入服饰衣纹
完善服饰细节，
如纽扣与鞋子，
服装设计效果图
的线稿绘制完成

5.4 服装设计效果图单色绘制

单色上色是服装设计效果图全彩上色的基础，对于初学者而言，只有学会控制画面明暗关系之后，才能够进入色彩的混合练习。这个阶段的绘制重点在于对单色水彩的水分控制，最为稳妥的方式是在纸面完全干燥后，再进一步叠深色彩。与服装人体单色上色的形式一样，胸围线至臀围线区域的色彩应该适度加深，在整个躯干中，肩部至胸围线区域是最亮的。

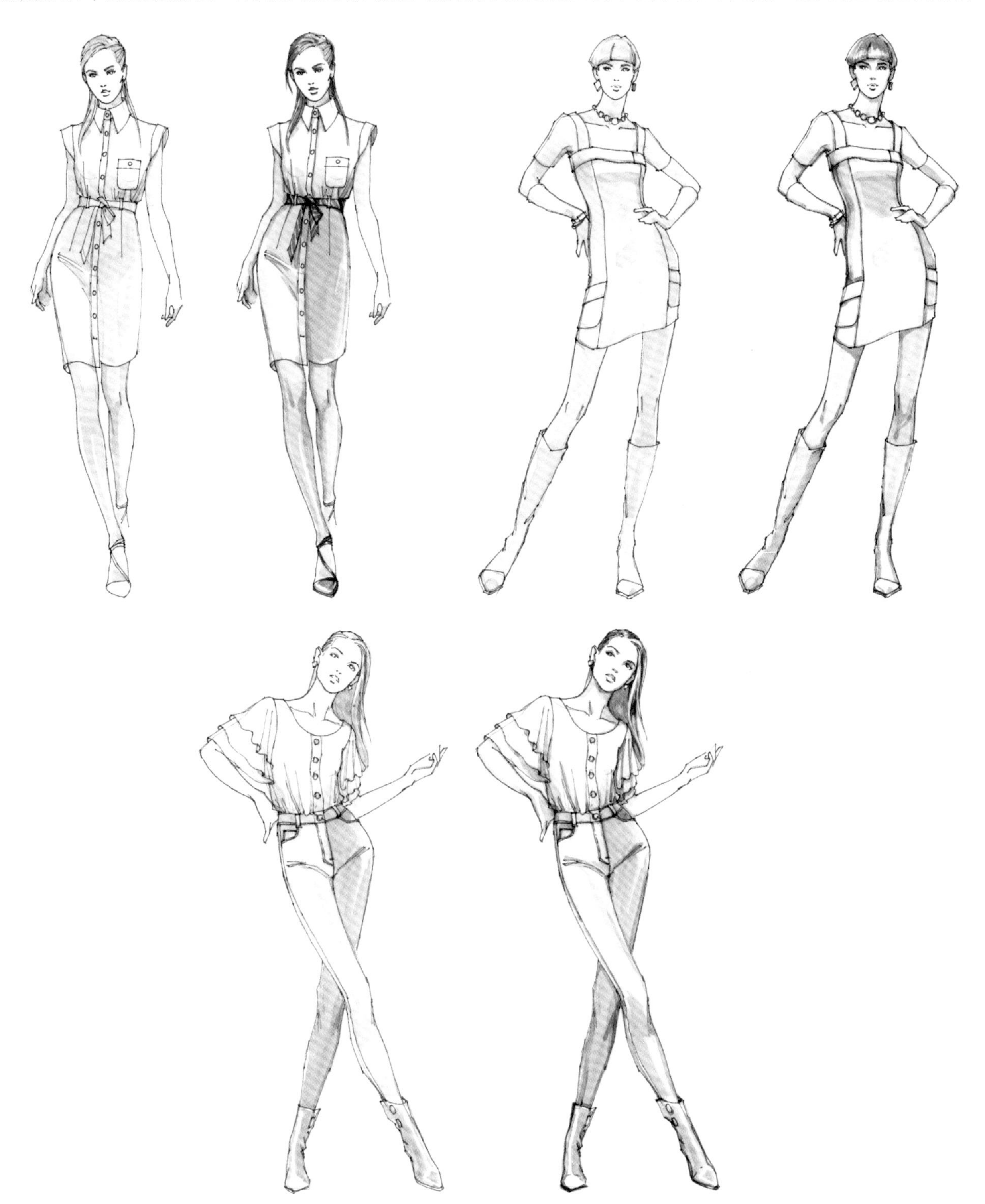

Chapter 06

服装设计效果图款式绘制技法

6.1 肤色的调配

6.1.1 肤色调配的原理

在色彩学中，红黄蓝三原色可以调和出绝大多数色彩。因此，肤色的调和是建立在色彩混色基础上的。右图列举了两种色彩混合方式，初学者可以在此基础上进行熟悉色彩变化的混色练习。

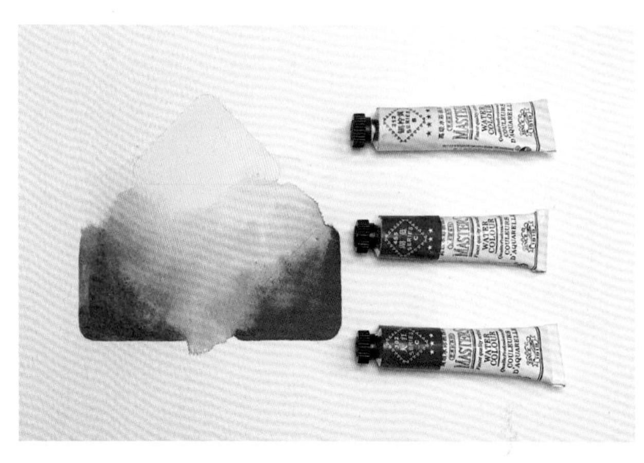

1. 原色混合
利用红、黄、蓝三种颜色，在纸面上进行色彩混合，可以产生出绿、橙、紫等色彩，这些色彩称为间色

原色混合会在一定程度上削弱新色彩的纯度，变得不那么明艳，所以在六色混合的时候需要加入别的颜料，保持色彩的鲜艳度。

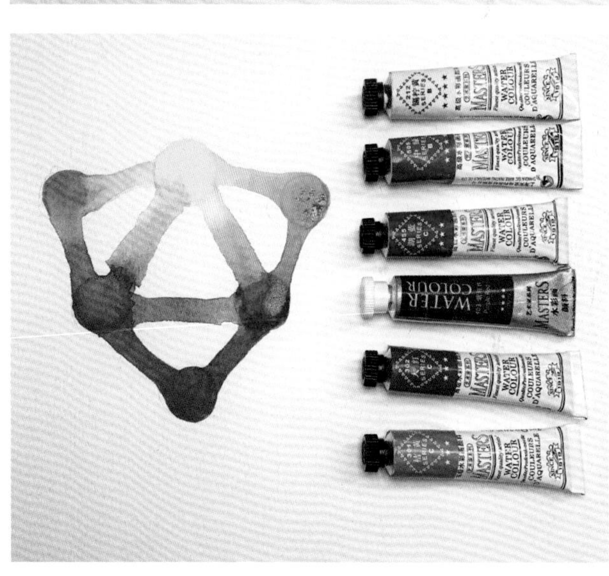

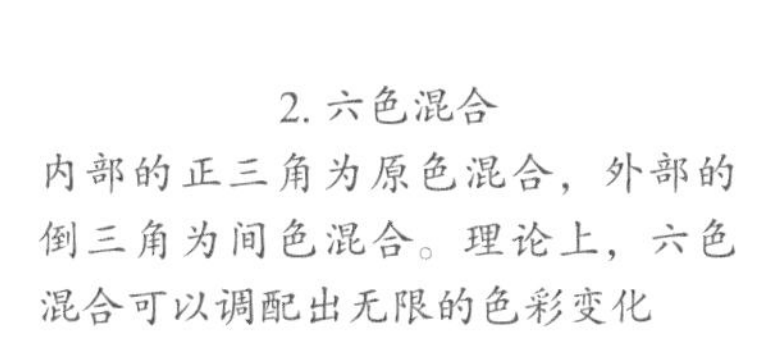

2. 六色混合
内部的正三角为原色混合，外部的倒三角为间色混合。理论上，六色混合可以调配出无限的色彩变化

6.1.2 中性肤色调色方案一

镉黄（镉柠黄）+ 镉红可以调配出较暖的肤色。

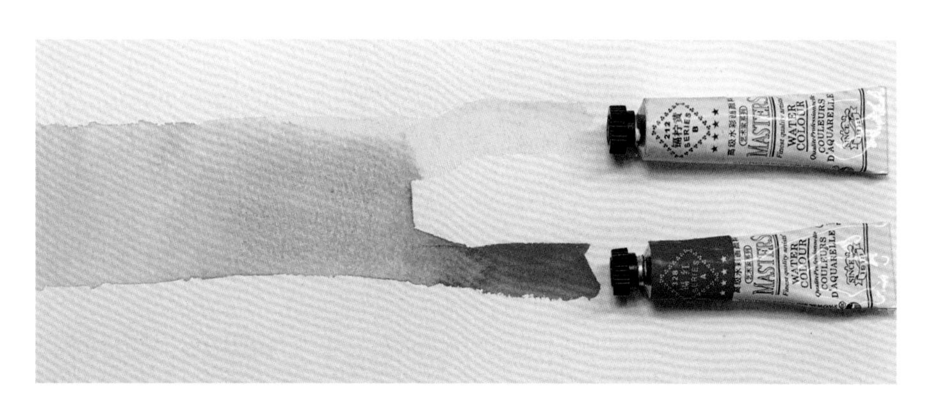

6.1.3 中性肤色调色方案二

生赭石＋茜素红能够调配出玫红色调的肤色，是服装设计效果图中运用最为广泛的主要皮肤用色。

注：初学者一定要在纸面上进行肤色混色练习。注意控制好色彩的深度，水彩颜料干燥后会稍微变浅。

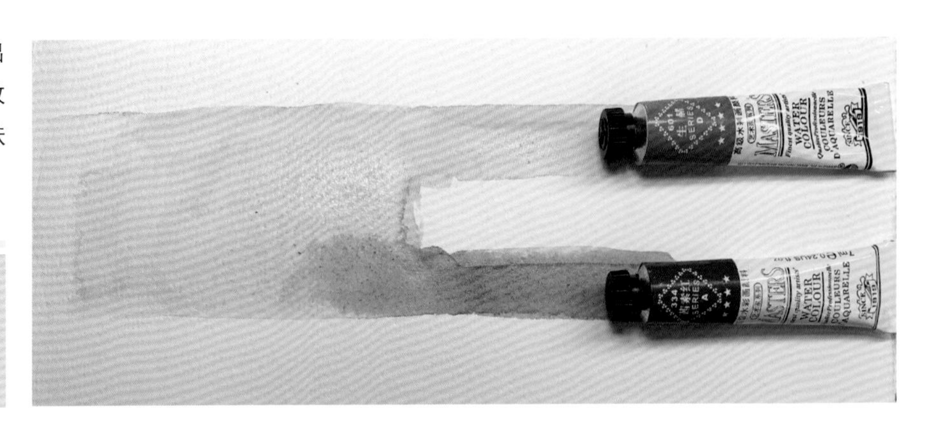

6.1.4 冷肤色的调配

肤色的冷暖可以表现出人物各部位的前后关系。冷肤色主要运用于人物的侧脸部。群青和天蓝色，都可以在中性肤色的基础上调配出冷肤色。

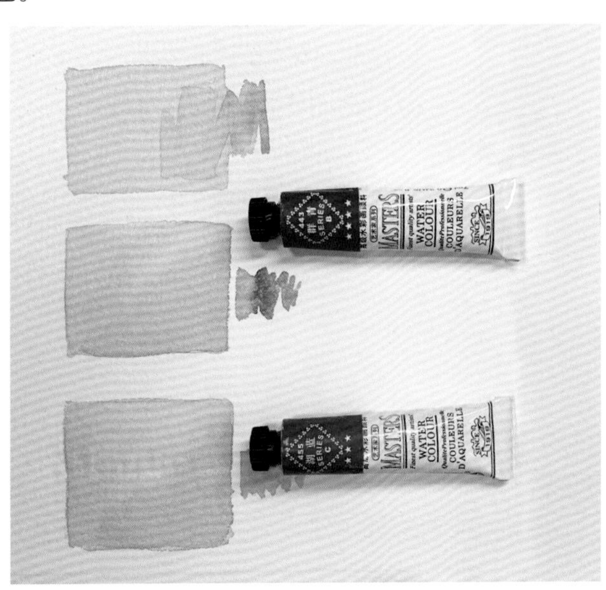

在中性肤色的基础上，用群青＋水，叠画呈现出冷肤色

在中性肤色的基础上，趁湿加入群青，这样混合出的冷肤色效果更为柔和自然

在中性肤色的基础上，加入天蓝（湖蓝），调配出冷肤色

6.1.5 深肤色的调配

生赭石＋紫红调配出的深肤色，适用于大部分皮肤阴影处

在深肤色的基础上加入少量群青，能够表现出较冷的深肤色，适用于耳朵侧面与阴影处

6.2 服装绘制调色原理

运用水彩上色时，加入清水，使色彩变浅。当色彩需要加深时则混入其他色彩。

6.2.1 单一用色的画面效果

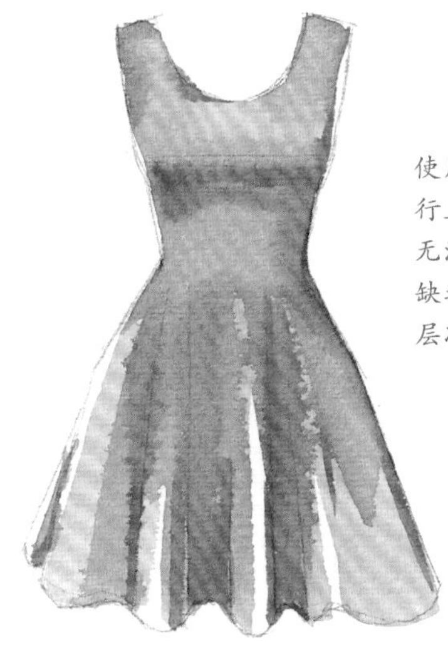

使用单纯的橘红色进行上色，服饰阴影处无法叠得更深，画面缺乏深浅变化营造的层次感

6.2.2 加入对比色产生的色彩效果

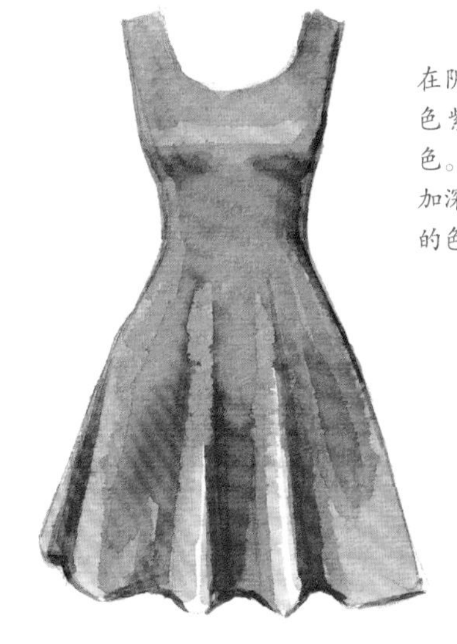

在阴影处，混入橘色的对比色紫红，可以调配出暗橘色。这种混色方式，能够在加深阴影的同时，丰富画面的色彩变化

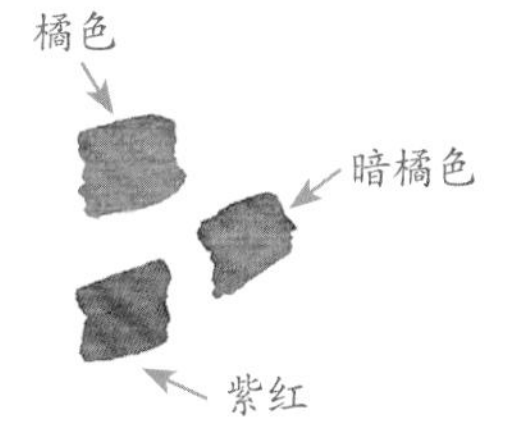

橘色

暗橘色

紫红

6.2.3 蓝色的加深方式

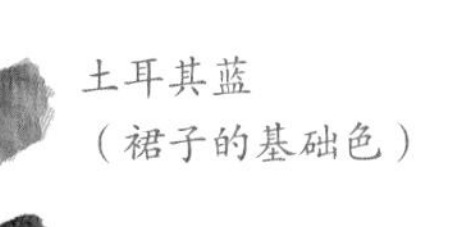

土耳其蓝（裙子的基础色）

深蓝

虎克绿

土耳其蓝的色彩倾向偏绿，需要将深蓝与虎克绿混合，加深阴影处

6.2.4 黄色的加深方式

黄色由于本身很浅，只能靠加入其他颜色来加深阴影处。

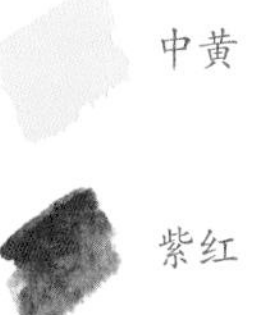

中黄

紫红

浅绿

黄色系的阴影处需要加入紫红与少量的浅绿

6.2.5 红色的加深方式

洋红

花红

天蓝

红色系的阴影处，通常需要叠加花红与少量天蓝

6.3 女装绘制

服装设计效果图绘制流程

↓

将线稿拷贝至水彩纸上

↓

画出肤色明暗

↓

深入刻画人物头部

↓

服装铺色（等待画面完全干燥）

↓

深入刻画服装的明暗层次（等待画面完全干燥）

↓

加入纽扣、腰带等服饰细节，绘制完成

6.3.1 气质大衣

Step
01

水彩纸面不宜用橡皮进行过多涂改。线稿要求线条简练，尽可能以长直线条为主，头发处表现出基本发缕方向即可。

Step
02

用生赭石 + 玫瑰茜红调配出中性肤色，平涂在肌肤区域。待画面完全干燥后，在中性肤色的基础上加入少量紫红，调配出深肤色，画出肌肤处的基本明暗结构。

Step
03

用浅赭石绘制头发，待纸面干燥后，用赭石 + 少量靛蓝调配出头发的阴影色。用深肤色加深人物五官轮廓，用绘墨紫色系进一步描绘眉眼部的细节，用镉红 + 洋红勾画唇部并保留高光。用少量深肤色描绘左侧脚踝处鞋带落在肌肤上的阴影。

Step
04

用生赭石 + 赭石（或棕色）+ 大量水，铺涂出大衣的底色。用棕色 + 少量茈红铺涂出披肩的底色。待画面干燥后，利用叠色加深的方式加深下摆处的阴影。用浅镉红 + 少量茈红画出鞋子与手包的基础色，并在鞋尖处留出高光。

Step 05

在大衣底色基础上叠涂出大衣的基本明暗关系，小腹和躯干的颜色要稍微深一些。用2号水彩笔，以细致线条勾勒出披肩的边缘缝迹线。

Step 06

用棕色勾画出大衣的结构细节（如纽扣、腰带及边缘缝迹线），注意腋下的褶纹阴影也要适度加深。用花红色勾画出手包与鞋子的细部结构。

6.3.2 优雅礼服

Step
01

用简练的线条画出线稿。发型的设计应与裙摆款式相呼应，适当增加发丝的飘逸感，表达服饰整体造型的轻盈感。

Step
02

铺涂肤色，注意上肢上臂处的色彩要略深于前臂；后侧的小腿阴影处可加入少量群青进行混色，表达出前后腿的空间感。用赭石＋土黄调配出栗色调的发色，趁湿加入赭石＋少量紫色调配出头发的阴影色。

Step
03

待画面完全干燥后，用2号水彩笔进一步描绘出五官细节。

Step
04

用紫红＋阴影紫调配出裙身处的基础色，待画面干燥后，用叠色加深的方式，逐一加深裙摆褶皱。用玫瑰茜红＋大量水，调配出裙摆及内衬处的水红色，待画面干燥后，用裙身基础色加深此区域的褶皱阴影。

Step 05 用阴影紫加深裙身处褶纹的最深色。然后选择紫红＋少量阴影紫，加深裙摆内衬，靠近腿部的区域要更深些。

注：褶纹用色的深度与笔触要尽量避免形态上的雷同。

Step 06 用小笔继续刻画，在笔尖水分较少的状态下直接蘸取白墨水，点出裙摆处的亮片。用玫瑰茜红＋紫红，画出鞋子的明暗关系及高光。

6.3.3 青春活力休闲套装

Step
01

画出线稿。初学者需先将线稿在绘图纸上画好，再用LED拷贝板描摹在水彩纸上。

Step
02

用干叠画法依次画出肌肤的中性肤色与深肤色。注意短裤落在大腿肌肤上的阴影区域要适当加深；当双腿并立时，稍弯曲的右侧大腿处的肤色要稍浅。

Step
03

用生赭石＋少量柠檬黄画出头发的中间色，趁湿加入生赭石＋少量群青色作为头发的暗部颜色。注意浅金色头发的高光采用留白的方式处理。

Step
04

用永固红或猩红色填涂套头衫的底色，待画面干燥后，叠涂加深胸围线以下部分区域与褶皱。用深群青＋少量水，描出短裤边缘的装饰线。用沙普绿与橙色填涂鞋子的基础色。

注：不要加入过多水分，否则衣服的颜色会变成水红色。

当服饰颜色较浅时，为了增强画面效果，可晕染背景色。用清水打湿需要晕染的区域，在画面不那么湿润时，将浓重的颜料点在该处，色彩会自然扩散开来。图中使用的是墨运堂绘墨紫色系。

Step 05　用群青＋生赭石调配出白色面料的阴影色。用绘墨紫色系画出腰带的基础色。

Step 06　待画面完全干燥后，用绘墨紫色系画出套头衫上的文字图案。待背景色完全干燥后，颜色会变得灰暗些，然后用阴影的紫色仔细描绘服饰边缘与背景相连接的区域，不要出现留白。

6.4 男装绘制

6.4.1 经典商务套装

Step
01

用2H铅笔以长直线轻轻地画出人物动态辅助线稿，注意肩、腰、臀线的斜度。然后用2B铅笔画出人物面部细节、服饰款式特征与主要衣纹。

Step
02

用橡皮小心地以按压的方式减淡铅笔稿线条。用生赭石＋玫瑰茜红＋少量浅镉红调配出面部中性肤色。

Step
03

待画面完全干燥后，在中性肤色中加入紫红，画出面部轮廓，并用2号水彩笔勾画出人物五官细节。

注：男模特的嘴唇色较浅。

Step
04

用花红＋靛蓝调配出西服套装的基础色，待画面稍干燥时，用叠色法依次画出服饰的衣纹阴影。

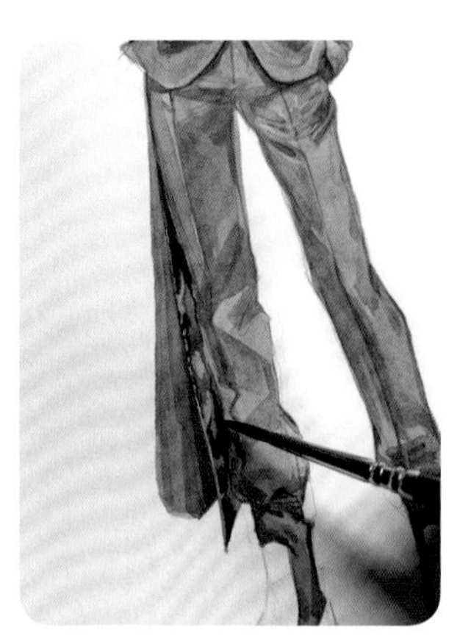

用2号水彩笔蘸取绘墨青色系，画出缎子质感的内衬，注意加强对比度。

Step 05

用花红＋阴影紫调配出服饰的最深色，依次加深领子、门襟、下摆、裤褶及手肘部的阴影。用花红＋透明氧化铁调配出围巾的基础色，混入少量靛蓝与紫红，画出围巾的阴影色。

Step 06

选择花红＋阴影紫，用2号水彩笔描绘出手巾袋、胸部省道、纽扣等细节。用吉祥颜彩煤黑色画出鞋子的基础色，并在鞋尖与脚踝处留白。

6.4.2 时尚休闲装

Step
01

用2H铅笔画出人物步态的结构辅助线，注意一定要画出躯干的中心线，便于辅助下阶段的着装绘制。然后在结构辅助线的基础上加入服装廓形与内部结构细节。

注：男装的肩宽要适度夸张。

Step
02

用生赭石+玫瑰茜红画出人物肌肤的底色，待画面干燥后，混入少量紫红，叠出面部轮廓的阴影区域。注意唇颏沟与颈部喉结处要稍微加深。

Step
03

用透明氧化铁+少量水画出头发的基础色，趁湿在头顶边缘区域混入少量的群青。待画面干燥后，直接蘸取透明氧化铁+少量靛蓝画出头发的阴影区域。用2号水彩笔勾勒出人物面部五官细节，唇部用色可在中性肤色基础上混入少量紫红。

Step
04

用绘墨紫色系+少量水，铺涂出内衬服装的基础色，在画面半干燥时，叠染出服饰的阴影区域。左侧小腿的褶纹，需要在画面完全干燥后再描绘，同时下笔要果断，笔触的含水量要少。用透明氧化铁+靛蓝+少量柠檬黄调配出无袖连帽外套的基础色，待画面完全干燥后，在原基础色中加入少量阴影紫与土黄，描绘出服饰的阴影区域。

Step
05

用绘墨紫色系依次加深与明确内衬服装的结构细节。用吉祥颜彩煤黑色画出右侧袖口处的黑色装饰带。选择柠檬黄加中黄，直接蘸取颜料，画出斜挎包的背带，并用中黄色画出挎包上的标签与右侧袖口。用沙普绿+靛蓝+适量水，画出鞋子的基础色。

细密褶纹，需要在画面完全干燥后再深入叠加（用笔为华虹600 4号貂毛画笔）

范例细节

斜挎包带环、扣子和袖标处，需要用白墨水局部提亮

用白墨水+少量水画出浅色裤子格纹（用笔为Escoda GRAFILO 2号貂毛画笔）

Step
06

用浅灰色描绘出斜挎包背带上的文字图案。用沙普绿+靛蓝画出鞋子的鞋底钉爪肌理。用阴影紫画出服装的纽扣及粘合袢。

6.4.3 时尚潮流运动装

Step
01

用 2H 铅笔画出人物的动态辅助线条，要适度夸张肩部与髋部的斜度。在动态辅助线基础上画出人物面部细节与服装造型特征，并用 2B 铅笔稍加深服饰的外廓形线。

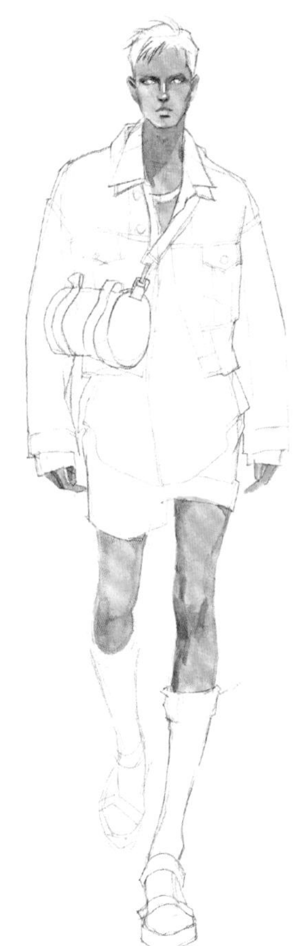

Step
02

用柠檬黄 + 玫瑰茜红画出偏暖的中性肤色。待画面干燥后，在中性肤色中混入少量紫红，叠涂加深人物面部轮廓、颈部阴影与膝盖结构。

Step

03

勾画出人物面部细节，并用透明氧化铁与紫红画出头发。

Step
04

用靛蓝色 + 少量海蓝 + 适量水，铺涂上衣的基础色。用透明氧化铁画出上衣下摆两侧的装饰分割区域。用透明氧化铁 + 马斯黄 + 适量水，铺涂短裤基础色。用中黄 + 少量透明氧化铁 + 少量橙色，画出袜子基础色。用生赭石 + 少量沙普绿 / 靛蓝画出袜子上方区域。用群青 + 生赭石 + 适量水，画出白衬衣的阴影色。

利用深蓝色（靛蓝）小块笔触表现牛仔水洗面料肌理

用2号水彩笔蘸取靛蓝色或阴丹士林蓝，画出衬衣的细条纹。注意线条粗细要一致，纵向间距要符合衣纹褶皱

Step
05

用靛蓝色勾画出上装牛仔服的缝线与缝线周边的水洗肌理阴影色。

Step
06

用熟褐+少量紫红/阴影紫画出斜挎包。用海蓝与阴影紫依次画出包带与鞋带的条纹装饰。

完成图细节

细条纹阴影处的条纹要加入靛蓝色，再一次叠涂加深，与衬衣阴影相呼应

6.5 童装绘制

6.5.1 活泼可爱男童装

Step
01

画出人物的面部与服饰特征。

注：童装尤其是幼童的服饰比较宽松。儿童体态具有挺胸凸肚的特征，且脖子与四肢较短，整体呈现出圆滚滚的可爱形态。

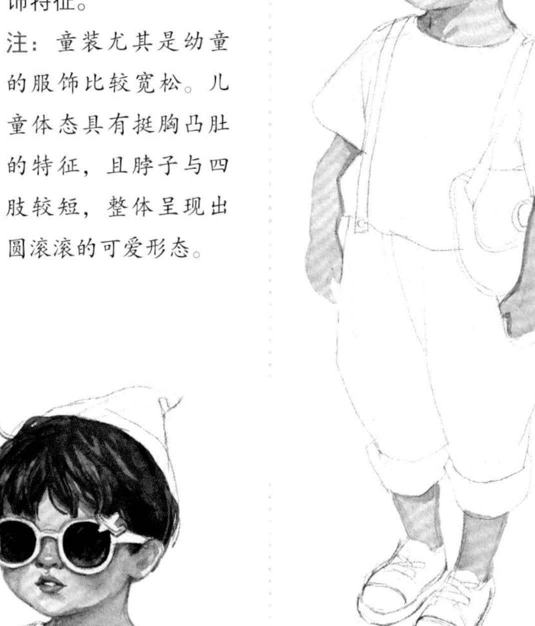

Step
02

用生赭石＋玫瑰茜红铺涂肌肤的中性肤色，趁湿在面颊处晕染玫瑰茜红，注意此时笔尖上的水分要少。用深肤色画出头发落在额头处的阴影。

Step
03

用阴影紫画出墨镜镜片，镜片的下方要稍浅些。用赭石色铺涂头发的基础色，并在画面干燥后，用赭石＋紫红＋靛蓝，描绘头发的阴影区域。

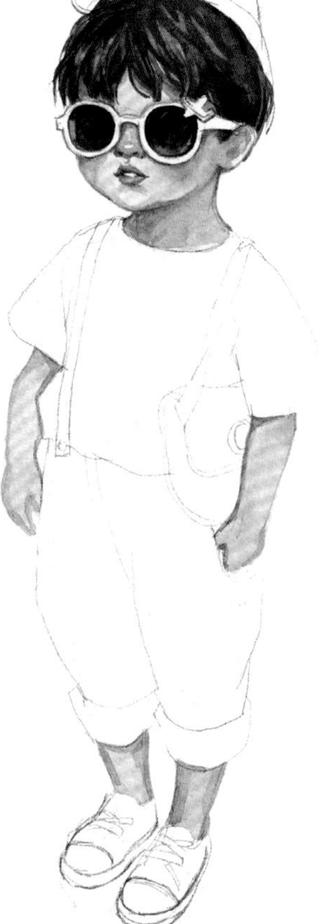

Step
04

用永固红＋微量的水，铺涂尖帽区域的基础色。选择浅镉红画出小挎包及条纹，用靛蓝色画出裤子区域的基础色，用墨蓝色系画出帆布鞋的鞋面区域。用紫色＋水，画出白色T恤的阴影区域。

Step
05

运用叠色技法，选择沙普绿+柠檬黄/浅镉红，分两次画出T恤的波点图案。

完成图细节

童装模特的面部要更为红润些，在肤色铺色后，面颊处加入玫瑰茜红或者洋红色

Step
06

用花红+少量靛蓝，画出尖帽的针织肌理。用靛蓝+少量群青，叠涂加深裤子的条纹图案。用白墨水勾画出帆布鞋的缝线。

6.5.2 天真无邪女童装

Step
01

画出基本动态及款式辅助线。注意儿童站姿有时会有内八字的动态特征。儿童尤其是幼童的五官位置偏下且较为集中，眼睛与虹膜都比较大。配饰上可加入少量卡通造型装饰，凸显服饰造型的可爱感。

Step
02

用柠檬黄 + 玫瑰茜红调配出中性肤色，趁湿用洋红色晕染出儿童的红脸蛋与鼻头。待画面干燥后在中性肤色中混入少量紫红，描绘出刘海落在前额及眼眶处的阴影。

Step
03

用透明氧化铁 + 水，画出头发的浅色区域，趁湿直接蘸取透明氧化铁，画出头发的阴影区域。此时笔头上的水分要少。

Step
04

用浅镉红 + 茜红 + 少量水调配出外套的基础色。用透明氧化铁 + 柠檬黄 + 少量橙色，画出裙子的基础色，并在半湿状态下用透明氧化铁 + 氧化紫（青莲色）勾画出裙褶纹的阴影。用土红色画出靴子的基础色，并用裙摆阴影色加深靴子侧面的阴影层次。

Step
05

用马斯黄画出围脖基础色及靴筒处的兔子装饰，趁湿用生赭石 + 少量紫红画出围脖的阴影色。用宝石翠绿 + 少量靛蓝，画出内衬毛衫的衣襟与下摆。

Step
06

用宝石翠绿 + 少量靛蓝，绘制出围巾上的小波点。用透明氧化铁 + 青莲，画出上衣缝线结构、扣眼与扣子，并用大点的笔触画出靴子的毛毛肌理。

完成图细节

童装模特的面部结构感不强，主要通过红润面颊和夸张的五官比例表现模特的神态和造型特征。服饰表面的条纹与波点，一般都是在最后阶段叠加的

Chapter 07 服装设计效果图面料材质表现

7.1 薄透织物材质

薄透织物一般指的是欧根纱、网纱，这种面料非常轻盈，绘制线稿时需要使用果断明确的长直线。上色时要注意纱料织物的层叠感，一般用干画法层叠的方式表现。

7.1.1 薄纱类织物绘制

Step 01

由于纱料具有透明度，线稿绘制阶段要完整地画出手臂。

Step 02

用中性肤色铺色，手臂被裙子遮盖处，要趁湿加入紫红与品红。

Step 03

待画面稍干，用绘墨蓝色系铺涂裙子的浅灰色。等画面水分稍少时，用深灰色加深阴影区域。

Step 04

待画面彻底干燥，进一步加深裙子的褶皱，尤其是裙摆面料的重叠与转折处。需要用 2 号水彩笔，控制好笔触的形态深入刻画。

7.1.2 细褶多层裙摆纱裙

难点：上身细褶的透明度，多层纱质裙摆的轻盈感、体积感与通透感。

Step

01

为皮肤铺色，后方腿部可以暂时不画。待画面稍干后，用少量绘墨蓝色系 + 紫红画出上衣底色。

Step

02

刻画头部细节。待画面完全干燥后，画出前胸处和手臂下方的薄纱（绘墨蓝色系 + 紫红 + 水）。

Step

03

用 2 号水彩笔画出上身的薄纱细褶，注意乳房的受光面要适当空出笔触。用铺色大笔以浅灰色涂满整个裙摆，待纸面不太湿润的时候，用重墨画出裙摆最深处，让颜色自然晕开。

Step

04

用绘墨蓝色系 + 水，用含水分较多的笔触画出部分裙摆，等画面快干的时候，迅速在原笔触上点上清水，会产生边缘明晰、内部通透的笔触效果。此步骤重复 2 ~ 3 次。然后用象牙黑画出鞋子。

Step
05

用冷肤色与浅灰色画出靠后的小腿与脚部。用象牙黑＋水，画出蝴蝶的浅色部分和纱料袖子的外边缘。待画面完全干燥后，用碳素墨水勾画出蝴蝶的外形。

胸部细褶：由大面积灰色褶纹和少量深黑阴影产生的立体感

若笔触水分很多，颜色会被水分推到笔触边缘，干燥后就会形成边缘线条明确、内部通透的画面效果

7.1.3 刺绣内衬薄纱裙

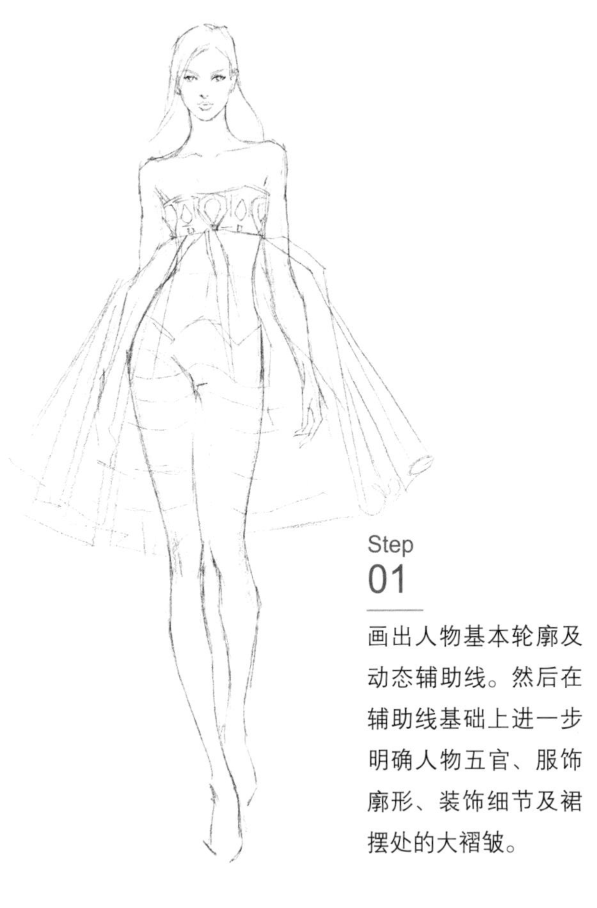

Step

01

画出人物基本轮廓及动态辅助线。然后在辅助线基础上进一步明确人物五官、服饰廓形、装饰细节及裙摆处的大褶皱。

Step

02

用生赭石+玫瑰茜红平涂肤色区域，待画面干燥后，再用深肤色描绘出肌肤的明暗层次。裙摆落在腿部的阴影要适度加深。

Step

03

用生赭石+熟褐画出头发层次，并用2号水彩笔完成面部五官的细节刻画。用2B铅笔进一步描绘出裙装内衬的荷叶边褶皱细节。

Step

04

用绘墨蓝色系+水，薄涂服装抹胸部位，待画面干燥后，用绘墨蓝色系+紫红，画出抹胸处的纹样。用生赭石+柠檬黄，薄涂裙身内衬部分，待画面干燥后，用浅灰色及象牙黑分两个层次画出衬裙的荷叶边褶皱。

Step

05

用阴影紫填涂抹胸处的纹样装饰。用阴影紫 + 适量水，采用干画法，使用较大的笔触完成裙摆外层薄纱的褶皱走向。

注：一定要等到底色干透，再依次层叠薄纱笔触。

内衬裙的局部，需要用 2 号水彩笔直接蘸取象牙黑，小心地勾勒出刺绣的纹理。为了强调层次感与立体感，衬裙的花纹只需要局部勾勒

靠后的腿与脚，深浅对比要适当削弱

Step

06

用白墨水勾画提亮抹胸处的浅色纹样。选择象牙黑描绘出薄纱裙摆边缘的密拷包边。

7.2 高反光缎面材质

缎面材质通常较难处理。通过加强明暗面与反光效果，加大反光处的色彩倾向，增加精细褶纹的刻画，能够表现出缎面丝滑柔软的质感。

7.2.1 高反光缎面肌理绘制

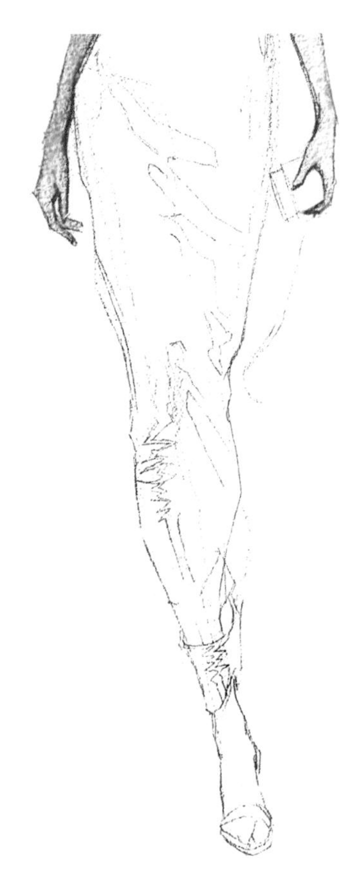

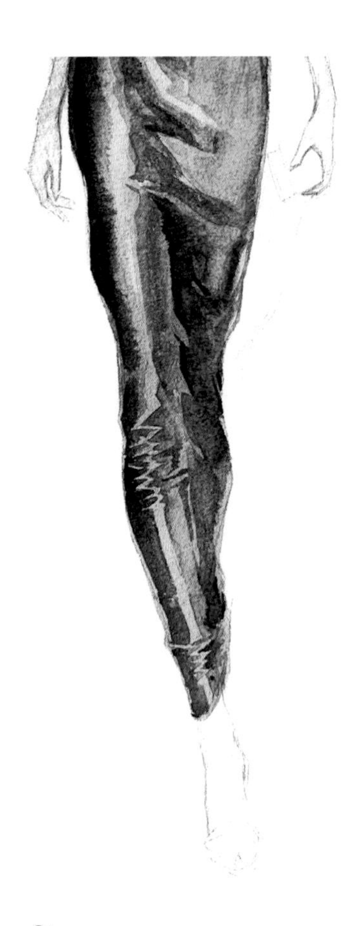

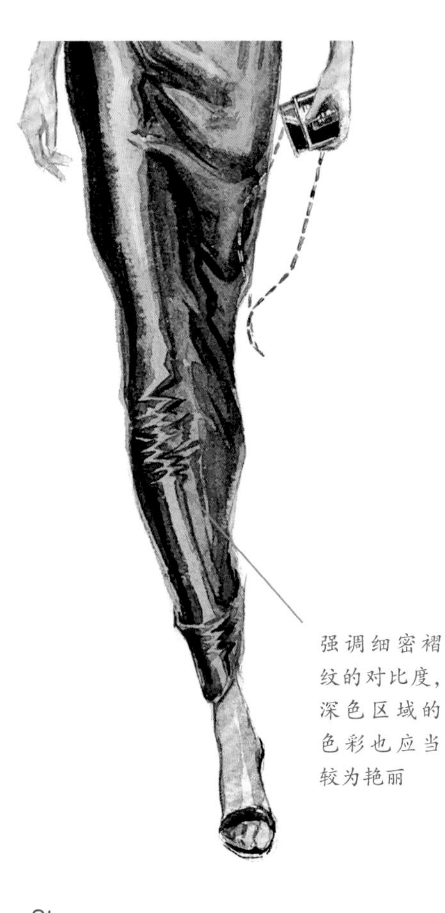

强调细密褶纹的对比度，深色区域的色彩也应当较为艳丽

Step 01

画出服装外廓形线条的同时，要用 2H 铅笔仔细描绘褶皱明暗交界线区域。

Step 02

平涂沙普绿，在左侧大腿处，趁湿洗掉部分颜色，在边缘处形成柔和的高光，并趁湿在褶皱明暗交界线及服饰边缘处加入沙普绿 + 靛蓝。注意此阶段笔头水分要少。

Step 03

待画面完全干燥后，使用沙普绿 + 靛蓝再次勾勒主要褶皱的明暗交界线，增强画面明暗层次。

7.2.2 丝绸连体衣

Step
01

在起稿阶段不要把关注点放在褶纹细节上，只需绘制服饰的主要纹路。

Step
02

画出头部的肌肤底色，帽子与头发可以一次性画完。

Step
03

选择虎克绿＋柠檬黄，用大号笔铺出服装底色。趁湿用虎克绿画出服装的阴影部分，此时画笔上的水分要少。待画面完全干燥后，用虎克绿＋少量靛蓝，画出上衣的细褶纹。

Step
04

选择6号笔，用虎克绿＋靛蓝＋水，画出裤子阴影区的褶纹。膝盖以下用少量清水晕开，干燥后，用白墨水＋少量清水，画出裤子的高光部分。

Step
05

用2号水彩笔加深裤子阴影区的褶纹。用靛蓝+水，画出鞋子并留出鞋子的高光。

Step
06

用黑墨水画出鞋子的最深色，绘制完成。由于画面的主体是头部与服饰褶纹，所以鞋子只需概括画出基础色、高光和最深色三个层次。

7.3 皮草及羽毛材质

狐皮毛领大衣效果图
材料：绘墨、水彩、铅笔和白墨水

拼接皮草服装设计效果图
材料：木浆水彩纸、水彩、白墨水

7.3.1 皮草材质局部绘制

皮草绘制一般需要整体观察与作画，初学者切忌一根一根地绘制毛峰，毛峰肌理一般都是在最后阶段局部添加的。

Step 01 用铅笔起稿。

Step 02 用生赭石 + 群青 + 水，绘制皮草的外围。内部用少量水薄涂，点上生赭石，让颜色在纸面上散开。

Step 03 趁湿用深褐色画出皮毛下方的重色，接着用生赭石 + 熟褐对深褐色区域进行湿接。

Step 04 待画面完全干燥后，用赭石 + 深褐色以小笔触画出毛峰的肌理纹路。

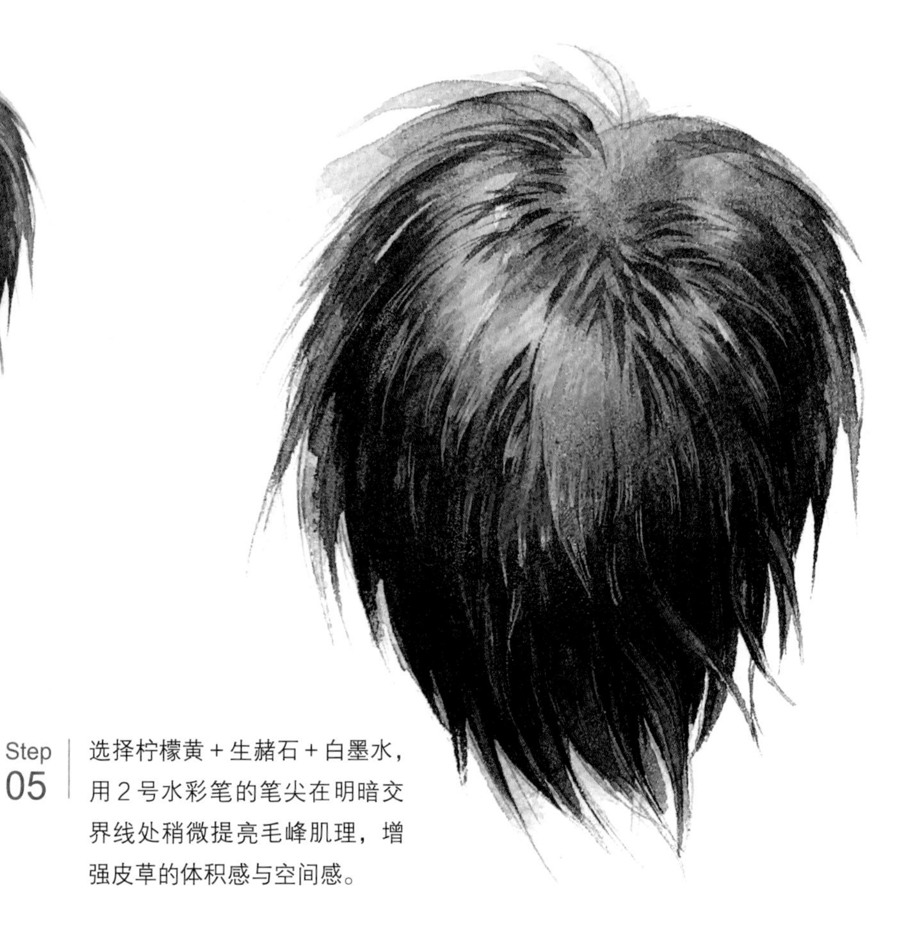

Step 05 选择柠檬黄 + 生赭石 + 白墨水，用 2 号水彩笔的笔尖在明暗交界线处稍微提亮毛峰肌理，增强皮草的体积感与空间感。

7.3.2 长毛皮草优雅套装

狐狸毛、滩羊毛及貉子毛等由于毛峰较长，统称为长毛皮草。

本范例绘制难点：波浪卷发、滩羊毛围脖、棒针毛衣外套、满地印花和蛇纹靴子。

Step 01

在线稿基础上画出人物面部细节。由于服饰材质或肌理较为复杂，所以面部绘制的层次不宜过多，应做一定程度上的简化处理。

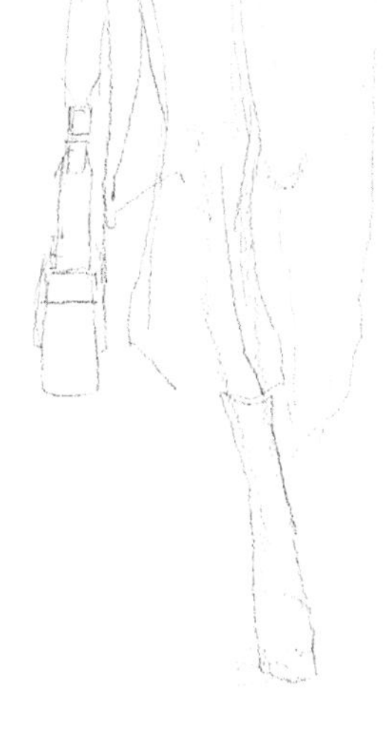

Step 02

用柠檬黄＋少量透明氧化铁，薄涂头发基础底色，趁湿用储水较少的笔尖直接蘸取透明氧化铁，画出头发波浪的阴影。待画面完全干燥后，再用深褐色勾画出颧骨侧方的部分发丝肌理。

Step 03

用较为省略的画法绘制右侧的头发，注意最深色区域在鬓角处。

围脖的皮草肌理不必全部画出，颈部区域是刻画的重点

Step 04

用赭石＋大量水，平涂围脖区域，局部趁湿混入偏紫的透明氧化铁。待画面接近干燥时，用2号水彩笔蘸取含水量较少的赭石，以波浪形笔触描绘出滩羊毛的肌理。

Step

05

用海蓝+少量中性肤色+大量水，薄涂毛衫区域。待画面接近干燥时，用靛蓝画出毛衫下摆的部分针织肌理。

注：下摆内部的肌理要画得模糊一些。

用深褐色+群青，画出围脖偏后的冷色区域

用辉柏嘉476号彩铅，画出皮毛肌理

Step

06

用普蓝+少量阴丹士林蓝+少量水，画出毛衫的编织肌理。右侧袖子的肌理要画得淡而模糊一些，从而与围脖产生前后虚实关系。

Step

07

用柠檬黄+少量中黄，薄涂连衣裙区域。使用生赭石+少量紫红，趁湿画出连衣裙的阴影区域。在画面完全干燥之前，用沙普绿+少量靛蓝，画出连衣裙的满地印花，花型的描绘要尽可能概括。用生赭石画出靴子的底色，趁湿用熟褐画出蛇纹的菱形区域，并用干燥笔尖直接蘸取深褐色画出菱形格蛇纹。

画出靴子底色，快干未干时，用笔尖迅速勾画出不规则菱形花纹。高光区域注意留白

毛衣纹路主要集中在前胸与手臂等受光面

用白墨水+生赭石，提亮围脖的毛峰肌理

Step
08

用生赭石＋少量靛蓝＋较多水，平涂手包。待画面干燥后用熟褐色勾勒出手包的基本结构。

7.3.3 短毛皮草时尚外套

貂毛、兔毛、水獭毛及鼬鼠毛等，由于毛峰短而细密，称为短毛皮草。

Step
01

画出人物线稿，通过强调腿根部的衣服褶皱来暗示前后腿关系。

Step
02

用生褐色（生褐色较熟褐色更为偏绿）画出大檐帽的基础色，在画面干燥后逐层加深。用柠檬黄与赭石，采用湿画法画出头发的底色与肌理。用透明氧化铁作为底色薄涂在毛领区域，并迅速用浓稠的透明氧化铁+紫红，采用按压的笔触，铺涂在毛领中心区域，反衬出头发的亚麻色调。

Step
03

用绘墨蓝色系+水，薄涂在西服马甲及裤装区域，趁湿加入重色表达出髋部阴影及裤中线褶痕。用阴影紫画出领带。

Step
04

待画面干燥后，继续使用绘墨蓝色系画出西服部分，并趁湿加入阴影。由于绘墨具有一定的沉淀性，当水分较多时，会出现色彩颗粒的分层，如西服下摆处，可为画面增添生动感。

Step 05

用象牙黑＋深褐色（或透明氧化铁），加深毛领局部阴影。用阴影紫加深及明确服饰的结构、层次与细节。然后用白墨水勾画出马甲门襟处的领带夹及链条。

难点在于如何区分色彩近似的头发与毛领，毛领靠近头发处，要用象牙黑＋深褐色加深头发落在毛领上的阴影

毛领边缘需要用白墨水＋生赭石提亮毛峰肌理

7.3.4 鸵鸟毛材质华丽上衣

Step
01

画出人物及服饰线稿，注意在羽毛区域仅需描绘出羽丝的主要走向即可。

Step
02

画出面部色彩变化与结构阴影。

Step
03

用虎克绿 + 少量靛蓝，填涂服装绿色区域的底色；用浅镉红填涂服装红色区域的底色。待画面稍干，叠深绿色区域的阴影，区分基本的明暗关系。

Step
04

用 2 号水彩笔进一步细致描绘前胸部分的毛峰阴影细节。

Step
05

用朱红＋少量花红，不加水调和，区分出红色区域的明暗面。

Step
06

用绘墨蓝色系画出裙子，待画面稍干，点一滴清水，产生水花效果。

Step
07

用虎克绿＋白墨水，提亮毛峰肌理。

Step
08

用浅镉红＋柠檬黄＋白墨水，提亮红色区域的毛峰边缘。用白墨水＋少量水，画出白色羽毛区域。

Step

09

完善人物面部。背景用水打湿，迅速在下方点上浓郁的群青，让颜色在纸面上自由扩散。

Step

10

简单绘制出草编背包的肌理，加深手部阴影。

7.4 钉珠及亮片材质

7.4.1 高级定制钉珠亮片礼服

Step 01

画出人物动态辅助线稿，注意右侧躯干扭动的曲线。然后进一步明确人物头面部细节、发型、服装廓形及主要褶皱。

Step 02

用柠檬黄 + 玫瑰茜红（或品红）调出中性肤色，薄涂肌肤区域。待画面完全干燥后，在中性肤色中加入少量茈红，加深面部轮廓、下颌阴影及锁骨线条。

Step 03

用熟褐色叠画出头发，耳环的形态采用留白的方式。然后进一步深入勾画出五官。

Step 04

用氧化紫（青莲）+少量靛蓝，薄涂裙装部分。待画面干燥后，用更浓郁的色彩，选用6号水彩笔，加深裙摆处的阴影。

Step 05 用2号水彩笔，蘸取氧化紫+靛蓝+少量阴影紫，勾画出连衣裙褶皱的最深色，区分出基本层次，同时勾画鞋子的基本形态。

注：最深色笔触形态要完整，下笔要准确而果断，不要用笔尖反复涂抹，否则会融化画面底色，造成画面效果较为斑驳。

用紫红+白墨水调和，提亮亮片处。待画面干燥后，用短锋2号水彩笔蘸白墨水在裙摆受光处进行局部提亮。

Step
06

用白墨水 + 紫红，勾画较暗的亮片，再用白墨水点出褶皱褶峰与边缘转折区域的高亮亮片。

7.4.2 钉珠花饰礼服

Step
01

用辉柏嘉水溶彩铅 476 起稿。

Step
02

为肤色铺色时水分要少，彩铅会在边缘处适当晕开，人物眼窝处会自然加深。

Step
03

利用浅镉红、品红分区域画出花饰各个部位，待画面干燥后叠深阴影。

Step
04

色彩全部铺满后，在中间调处叠加浅镉红，阴影处用浅镉红 + 花红加深。

用浅镉红＋白墨水，提亮
花卉中穿插的粉色鸵鸟毛

Step
05

用金色墨水提亮花蕊区域与腰带处，腰带阴影处叠加深褐色与赭石。

7.5 羽绒面料与绗缝效果

7.5.1 中长款厚重羽绒服

羽绒面料的表现注重填充物的体积感，上色时分为服饰底色、阴影色和最深色三个明暗层次。

Step 01

在辅助线基础上加入款式与头面部细节。绗缝类服装较厚，在画的时候要加入足够的松量，表现出服装造型的饱满与蓬松感。

Step 02

用生赭石+玫瑰茜红调出中性肤色，薄涂在肌肤区域。待画面干燥后，在中性肤色中混入少量紫红色，加深眼窝、鼻底、唇颏沟、颧骨两侧与手部区域的阴影。

Step
03

用透明氧化铁与深褐色画出头发，用2号水彩笔在面部轮廓基础上勾画出五官细节。

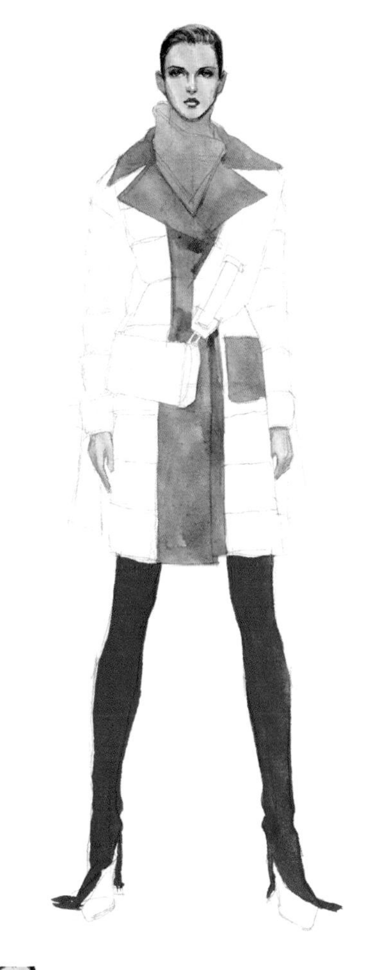

Step
04

用紫红＋少量靛蓝＋大量水，薄涂领部区域。用生赭石＋少量沙普绿＋微量透明氧化铁，薄涂大衣领子、门襟及口袋。直接蘸取正红色（或猩红色）厚涂裤子部分。

面料表现的三个明暗层次

Step
05

用正红色勾画出领部毛衣的条纹肌理。用透明氧化铁＋少量熟褐＋微量靛蓝与紫红，画出大衣两边的条状羽绒区域。用正红色＋大量水，薄涂斜挎包背带区域，作为背带部分的高光。

红色高反光羽绒面料，明暗对比强，需要先画出浅红色的高亮区域，不需要用白墨水提亮

Step
06

在斜挎包的背带处叠涂正红色，待画面稍干燥后，用正红＋靛蓝，画出包带部分的阴影。用花红＋靛蓝＋少量氧化紫，勾画出服装整体的最深色。用阴影紫画出鞋子。

7.5.2 长款绗缝外套

绗缝面料是指在表层面料与底层面料间夹入辅棉等填充物，用缝线加以固定。薄棉缕与空调凉被都是用绗缝工艺制成的。

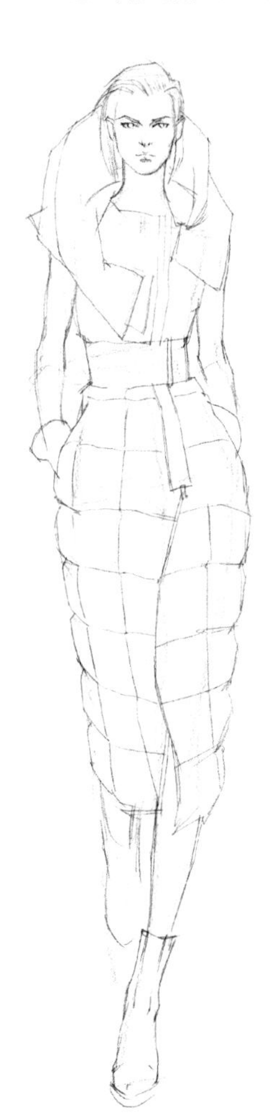

Step
01

画出人物动态辅助线，由于服装廓形较为庞大，肩、腰、臀部斜线也应适当夸张。在辅助线基础上画出服装与人物细节，注意裙摆绗缝肌理的起伏，以及绗缝格子的左右行距与大小的对称。

Step
02

用柠檬黄＋浅镉红＋少量品红，调出中性肤色。在中性肤色基础上混入少量紫红，加深面部轮廓、上臂与下颌阴影。

Step
03

用透明氧化铁与深褐色，塑造头发的明暗面。用 2 号水彩笔勾勒出人物五官细节。进一步用深肤色加深颈部与四肢的边缘。

Step
04

用生赭石＋少量靛蓝与紫红，薄涂衣身。待画面稍干燥后，叠深格纹，并用更浓郁的上述混合色勾画衣服下摆两侧的部分格纹。

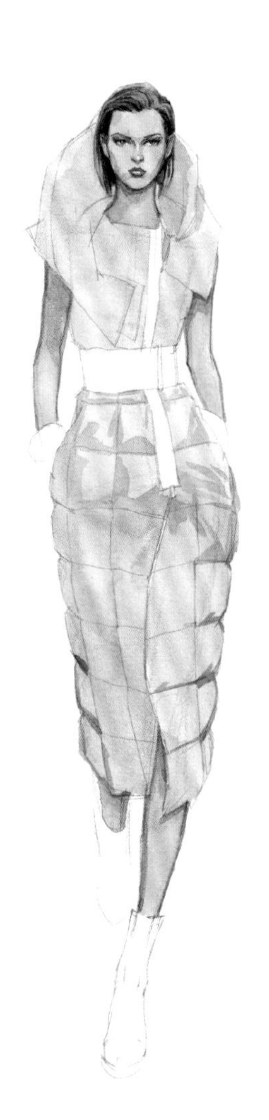

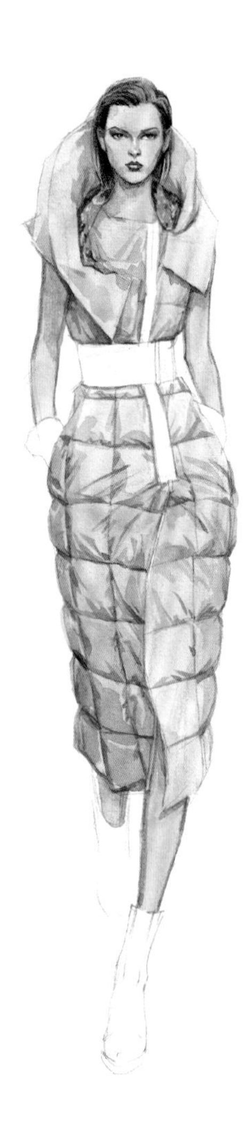

Step
05

按浅—深—最深三个层次依次画出各个格纹的明暗关系，注意大腿以下的左侧下摆格纹的整体色彩要更深一些。

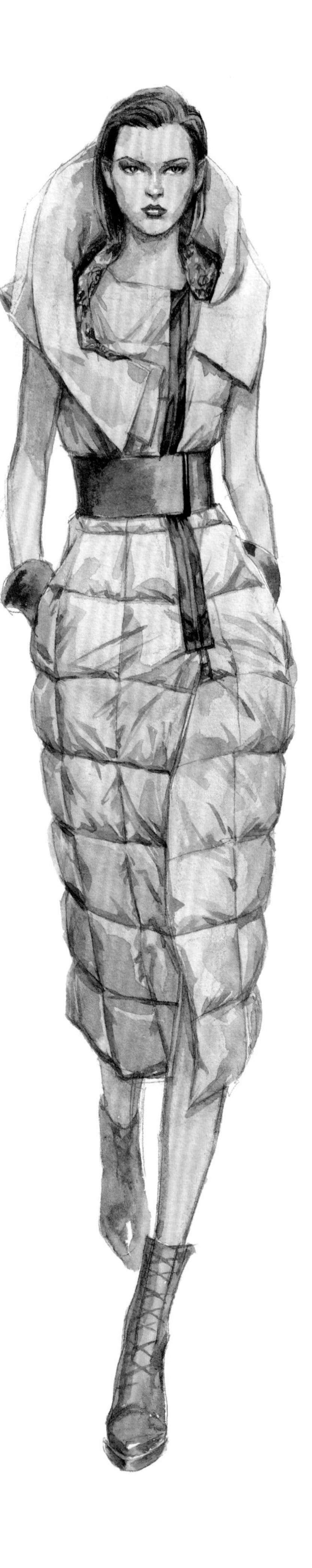

Step
06

用海蓝色填涂腰带与手套，并逐层叠深。用靛蓝色勾画出门襟拉链。用生赭石＋沙普绿＋少量靛蓝，画出鞋子的明暗关系。

用2号水彩笔的笔尖仔细画出绗缝格的最深色。绘制方式与羽绒填充织物类似，不同点在于阴影区和最深色的面积要小很多。

7.6 格纹与条纹面料

7.6.1 男士休闲格纹衬衣

Step
01

画出人物动态辅助线，由于服装廓形较为庞大，肩、腰、臀部斜线也应适当夸张。进一步明确头面部、服饰及褶纹等细节，并用水彩黏性橡皮去除辅助线。

Step
02

用较浓郁的生赭石+玫瑰茜红，画出人物肤色。

Step
03

用熟褐色画出头发层次，并勾画出面部细节。

Step
04

用透明氧化铁画出背包底色，并混入靛蓝与紫红加深阴影区域。用靛蓝+水，平涂裤子区域。

Step
05

用品红＋紫红＋水，铺出衬衣的基础底色。待底色干透后，绘制出横向条纹，干燥后再绘制出纵向条纹。纵横条纹交叠处，加入更多的紫红叠深。

服饰细节

亚光磨砂皮鞋需要叠加较淡的白墨水，增强略粗糙的肌理感

Step
06

在格纹间隙，用浅群青画出纵横双细线。待画面干燥后，用深群青在线条相交处打点。

Step
07

用白墨水提亮条纹细节，增加纹样层次。

7.6.2 条纹图案秀场礼服

Step
01

画出人物动态线稿及服饰的基本宽度。进一步明确服装的主要褶皱与头面部细节。

Step
02

用柠檬黄+品红调配出中性肤色，薄涂肌肤区域。在中性肤色中混入少量花红，加深肌肤处轮廓，区分明暗关系。

Step
03

进一步刻画五官细节。用阴影紫勾画帽子和额头处的部分头纱。直接蘸取正红色按照褶皱方向画出斜向条纹。

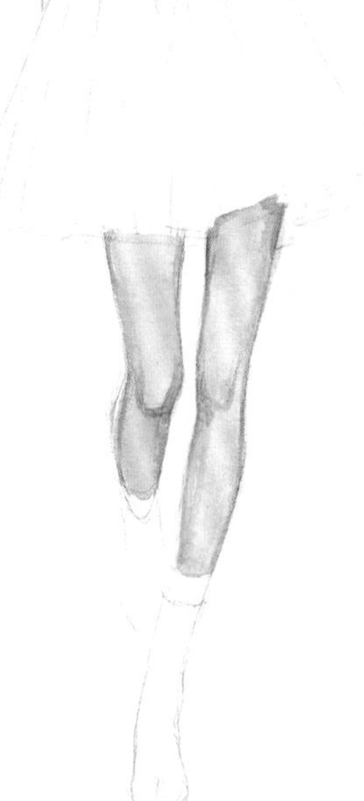

Step
04

用阴影紫画出裙摆处的斜向条纹。

Step
05

条纹基本绘制完成后，再加入服饰阴影。阴影处的条纹色彩产生一定的模糊溶解效果，画面的立体感会更强。

面纱的纹理在五官处可以适度空缺，避免破坏面部的立体感。盔帽的高光用白墨水提亮

用留白与干擦笔触表现鞋子的闪光效果

Step
06

最后用浅红与浅灰勾画出服饰暗纹。

7.6.3 条纹图案休闲女装

Step
01

画出人物基本动态辅助线，注意重心线是否落在左脚踝内侧。在辅助线基础上，加入服装松量，画出服装与人体的细节特征，注意前腰处袖子的交缠与厚度。

Step
02

用生赭石＋洋红＋少量浅镉红，调配出基础肤色，薄涂肌肤区域。待画面干燥后，叠入少量茈红，描绘出肌肤的阴影区域。

完成人物五官细节的刻画。用透明氧化铁描绘头发的基础色，趁湿在头顶边缘混入少量淡群青，并用透明氧化铁＋紫红加深头发的阴影区域。

用猩红色淀、虎克绿与浅镉红描绘出服装的条纹区域。

Step

05

待画面完全干燥后，用氧化铁＋绘墨紫色系，描绘出服装右侧的暗色条纹，用绘墨紫色系描绘出服装左侧的暗色条纹。

注：服装设计效果图的重色需要使用有色彩倾向的类黑色。如果直接使用象牙黑或灯黑，会减弱画面的色彩丰富度。

Step

06

用靛蓝＋水，对条纹服饰的阴影进行叠加加深。画面的主体在于面部与服饰，所以鞋子的细节不必画得过于细致。

7.7 图案纹样面料

7.7.1 满底印花裙装

Step
01

画出人物动态及服装廓形线稿，此阶段仅需描绘出花纹的基本位置。

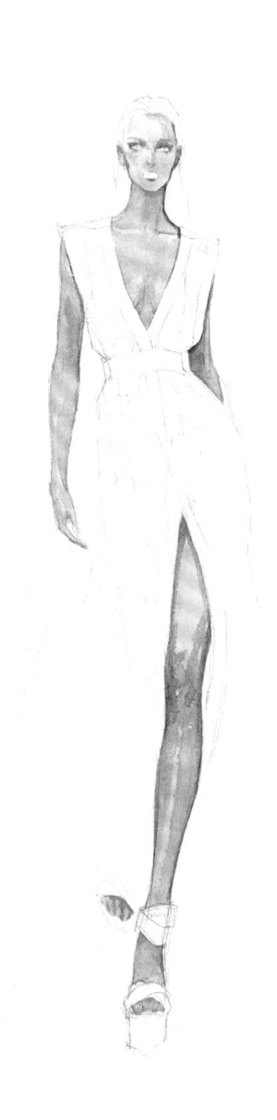

Step
02

用生赭石 + 玫瑰茜红调出中性肤色，薄涂肌肤区域。待画面干燥后，在中性肤色里混入少量花红与紫红，加深面部轮廓、上臂三角肌下方处、乳下弧线、膝盖下方等阴影区域。

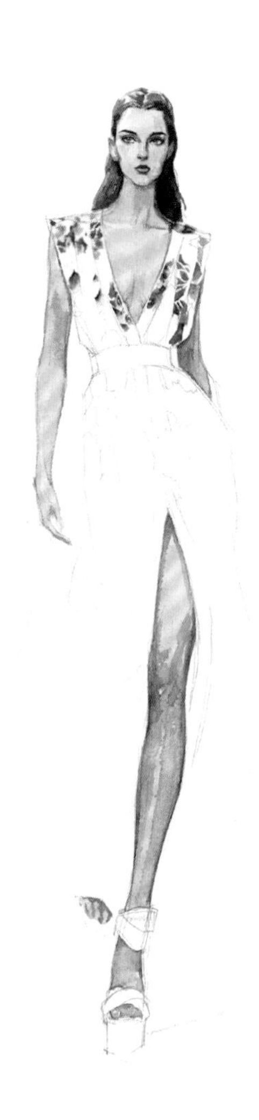

Step
03

用生褐色+适量水，薄涂头发区域，并趁湿混入紫红与熟褐，加深头发的阴影区。用2号水彩笔进行五官细节的深入描绘。用少量水薄涂上衣区域，在即将干燥时，迅速用打点的笔触，将较浓郁的深群青点染在上衣区域。注意此时笔尖上的水分要少。

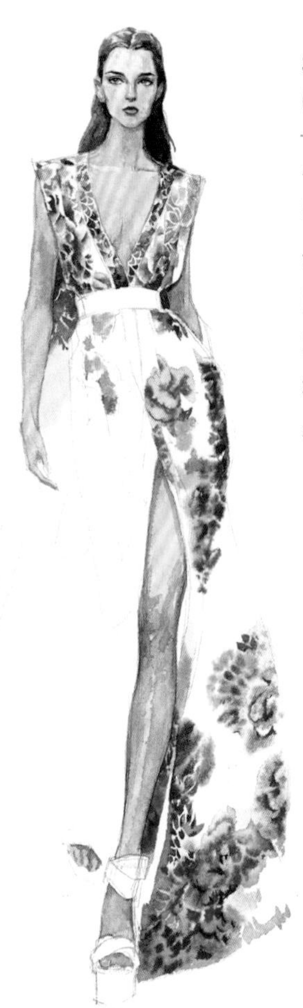

Step
04

用湿画法依次画出服装上的各个花头纹样，注意花纹间的边缘要柔和。主要用色为：深群青、浅镉红、橙色与花红。

Step
05

靠后和处于阴影处的花纹要画得模糊些。

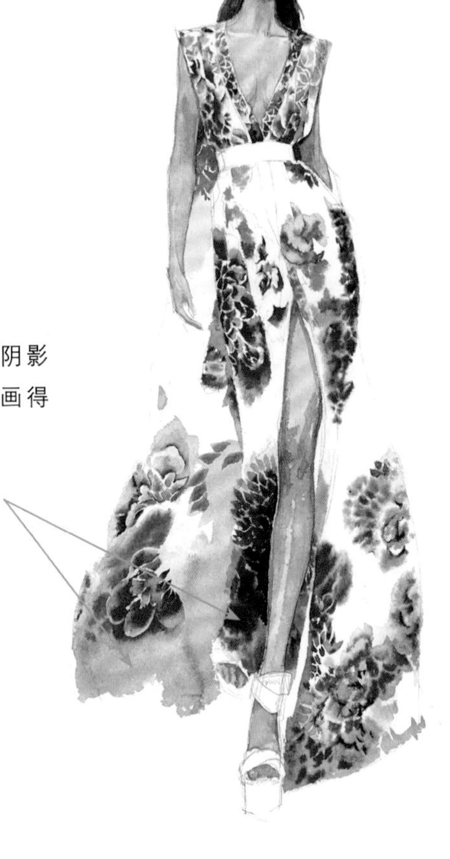

Step
06

加入绘墨紫色系的底色。

前胸和受光处，需要采用精致细密的方式仔细画出花纹
靠后区域和阴影处，用湿画法弱化花纹的边缘与形态，进行虚化处理

Step
07

利用深色反衬出花纹，并在髋部与裙摆上增加底色暗纹。

7.7.2 薄纱绣花纹样礼服

Step
01

画出人物基本动态辅助线及服饰外廓形。进一步明确头面部及服饰细节，并用水彩黏性橡皮擦除面部辅助线。

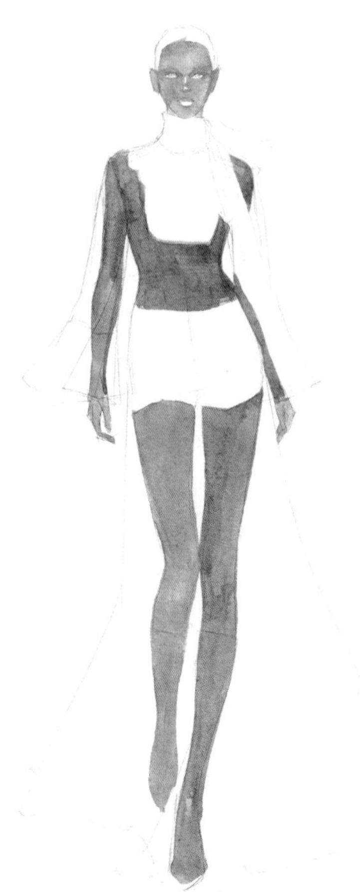

Step
02

在中性肤色中加入更多的紫红色或花红，调出深色调。深色皮肤的阴影处不要画得过深。

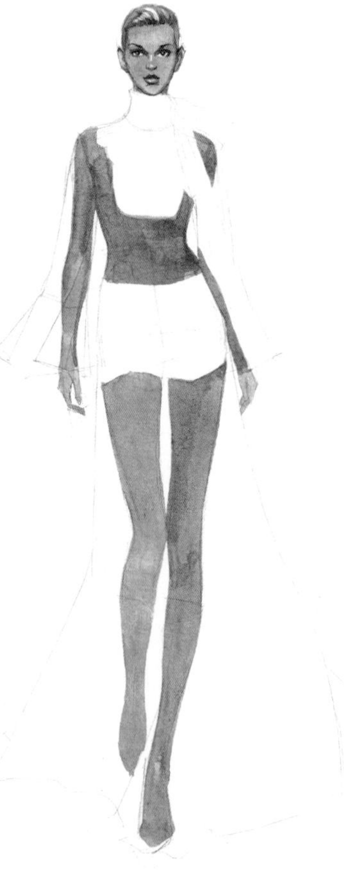

Step
03

用阴影紫画出头发的基本层次，并用深肤色勾画出人物五官。

注：深肤色模特的唇部可以画得稍饱满些。

Step
04

用阴影紫＋适量水，薄涂服装区域。待完全干燥后，用叠色加深的方式，绘制出袖子的纱料层叠感，并用绘墨紫色系加深前胸与短裤区域。

Step
05

用阴影紫（鲁本斯水彩），以薄透面料的手法绘制纱裙。

Step
06

用2号水彩笔勾画出服装的深色纹样，并进一步勾勒与明确服饰边缘。

Step
07

用白墨水＋水，选择2号短锋笔画出裙子白色花纹的基础色。

Step
08

直接蘸取白墨水，提亮白色花纹处的外边缘线，增强花纹刺绣的立体感。

Chapter 08

服装配饰绘制表现

8.1 帽子

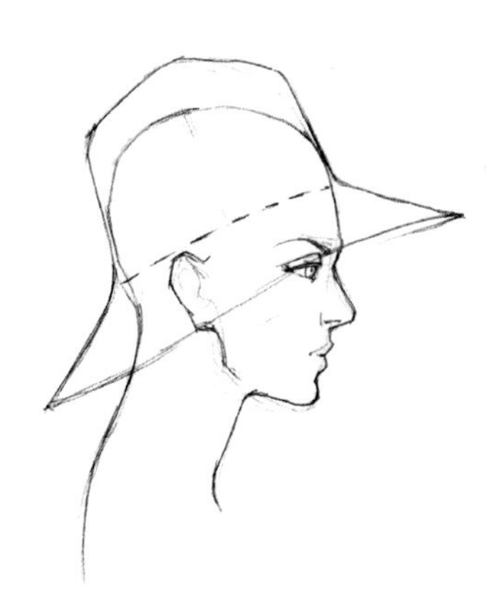

帽子与头部存在于一个空间中，只有虚线处的帽内沿处是紧贴头骨的。

8.1.1 大檐帽

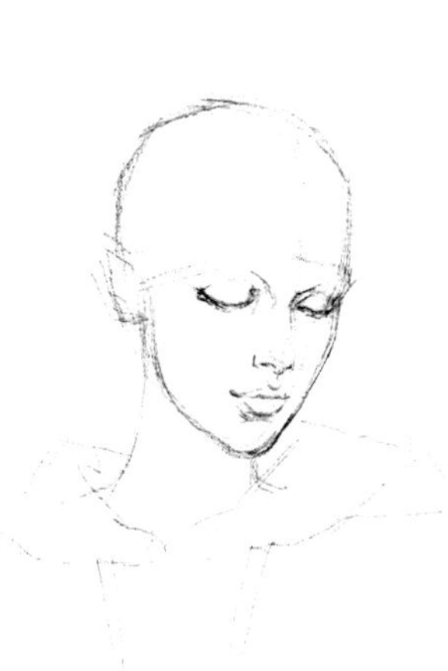

Step 01

画出头部线稿。

Step 02

在头顶部外框线的基础上加上帽子。注意帽檐的透视，应该与面部保持一致。

Step 03

为面部与颈部铺色。趁湿加入颧骨下方的花红色与前额阴影处的冷肤色。

Step 04

待画面干燥后，画出五官细节。

Step
05

由于帽子是半透明提花的，需要在浅灰色的前额提花处，加上偏冷的深肤色。其余部分的花纹，等底色干燥后，继续用深灰色叠加深入。

Step
06

帽子的色彩较浅，此时需要用深色背景衬托。用水打湿背景，加入比较浓郁的阴影紫（鲁本斯水彩）。这种颜料属于特殊分层色，铺色时会产生沉淀肌理。

Step
07

使用阴影紫完成帽子半透明纹样的深入刻画，前额和右侧帽檐处是绘制的重点。用阴影紫+生赭石，绘制出白色帽衫的最深色。用阴影紫+猩红，完成红色上衣的最深色绘制。

8.1.2 半透明纱质小檐帽

绘制难点：半透明硬纱料帽檐与 PU 面料的帽尖顶的材质对比与表现。

Step 01 画出人物线稿，注意帽子的倾斜角度，左侧眼睛处于帽檐的遮挡之下，仅画出基本形态即可。

Step 02 用生赭石 + 玫瑰茜红，平涂肤色区域，趁湿混入紫红色，明确面部轮廓。用浅棕色勾画眉毛，用紫红 + 少量靛蓝，勾画眼线，用绿灰色勾画眼部虹膜。

Step 03 用浅镉红勾画晕染出下眼睑妆容，加入少量水画出唇部，并注意保留高光。用绘墨阴影紫勾画出眼线及瞳孔。

Step 04 用湿画法完成纱质帽檐的绘制。帽檐的头发部分，用深褐色叠加，用水模糊笔触边缘，使半透明感更为自然。左边眼睛由于被帽檐遮挡，只需使用深肤色勾画出眼部的大致结构即可。

Step
05

通过加强尖帽结构深浅对比的方式，用叠色画法强调帽子的PU材质。

Step
06

加入耳坠配饰。注意要强化右侧耳坠落在脖子上的阴影。

Step
07

在左边的侧脸处加入中性肤色与群青调和出阴影，用以增强画面的空间感。

8.1.3 戴面纱的头饰

Step 01 画出头面部线稿，注意面部五官在 3/4 角度下的透视关系。

Step 02 左侧光源使大部分面部处于背光，这种逆光状态在绘制的时候需要提亮阴影处肌肤的色彩。

Step 03 在逆光状态下，人物的眼白处也要画出阴影。

Step 04 耳朵下方的头发颜色较深。

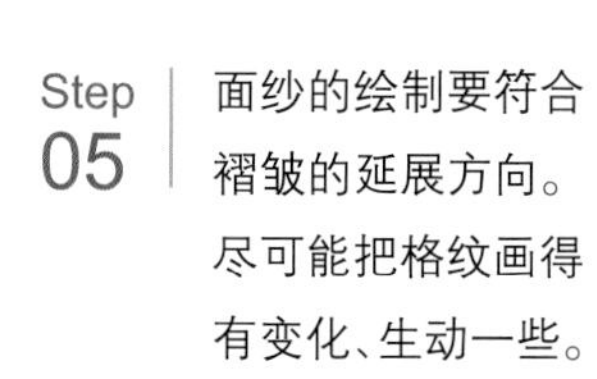

Step 05

面纱的绘制要符合褶皱的延展方向。尽可能把格纹画得有变化、生动一些。

Step 06

面纱交叉处的黑点，在面部区域要画得精致一些。面纱的褶纹转折处，要用浅灰色适当叠加笔触。

8.2 鞋子

8.2.1 不同鞋跟高度下的足部形态

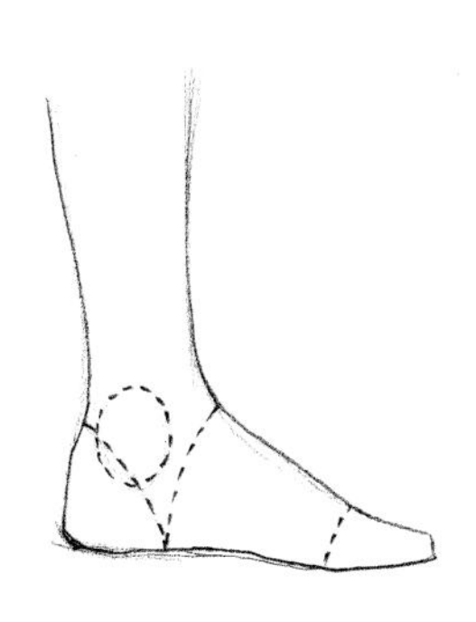

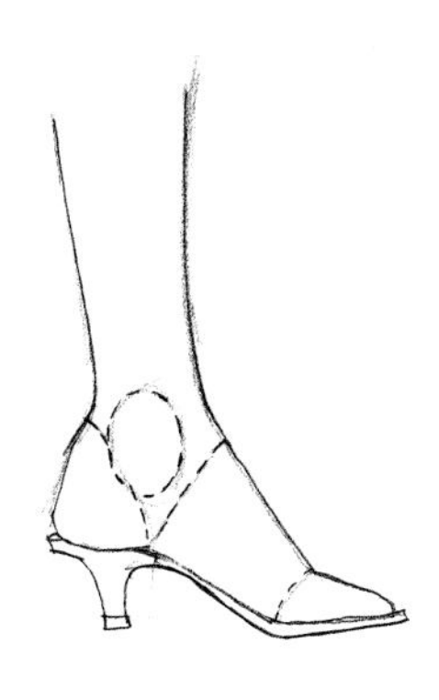

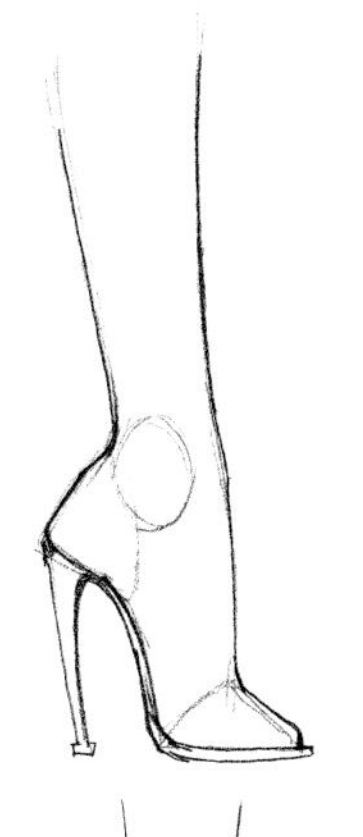

在鞋跟高度不同的情况下，脚踝和足后跟的形态变化不大。鞋跟越高，则足跟到脚尖的水平距离越短

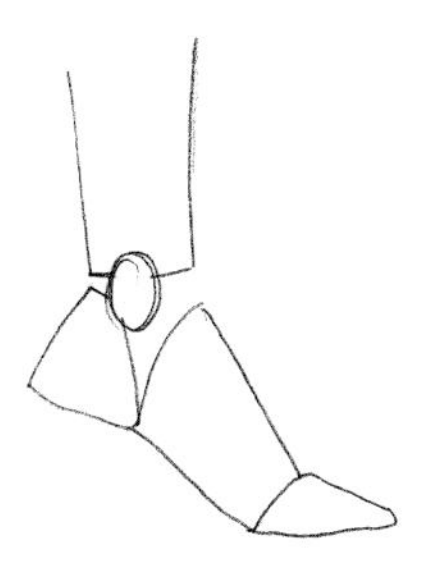

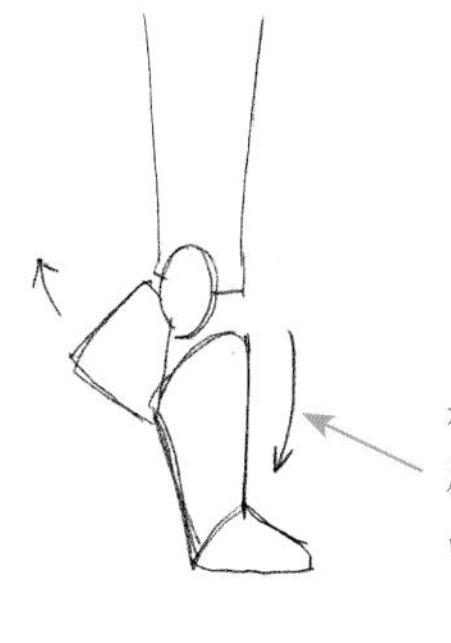

超高跟鞋，脚背与足跟的变化方向

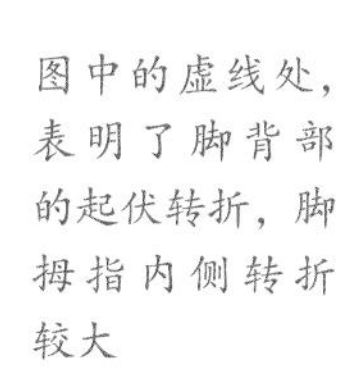

图中的虚线处，表明了脚背部的起伏转折，脚拇指内侧转折较大

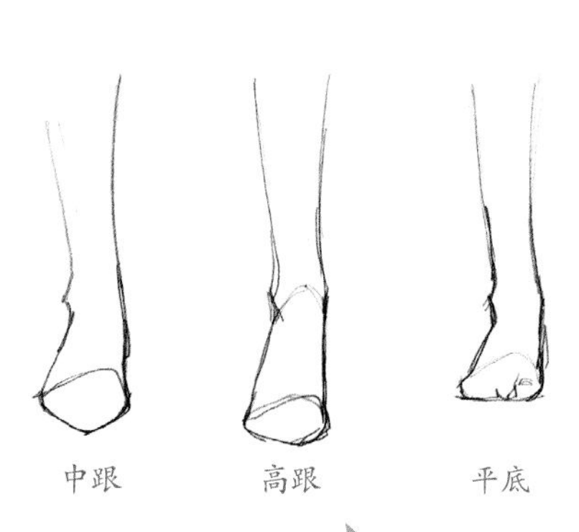

正面角度的足高度变化

鞋跟越高，从正面看，脚背竖立的高度也会增加。绘制时，外脚踝的起伏会比内脚踝更为明显

8.2.2 小低跟鞋

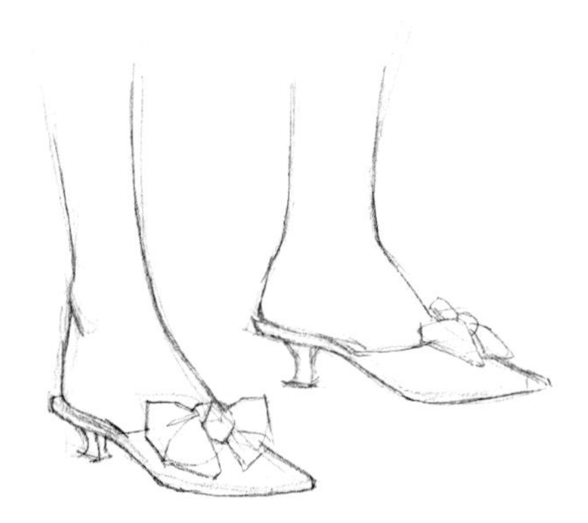

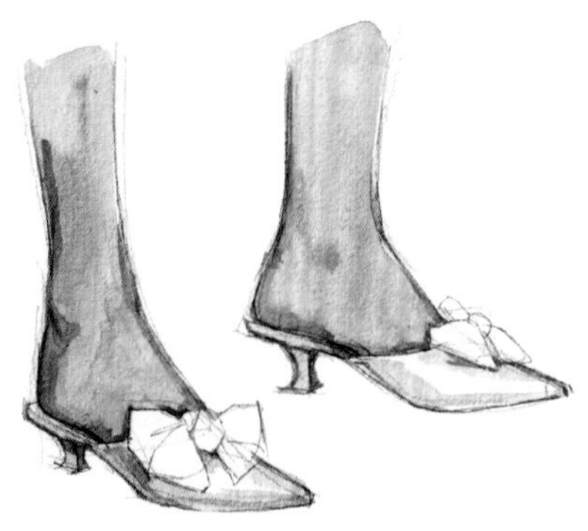

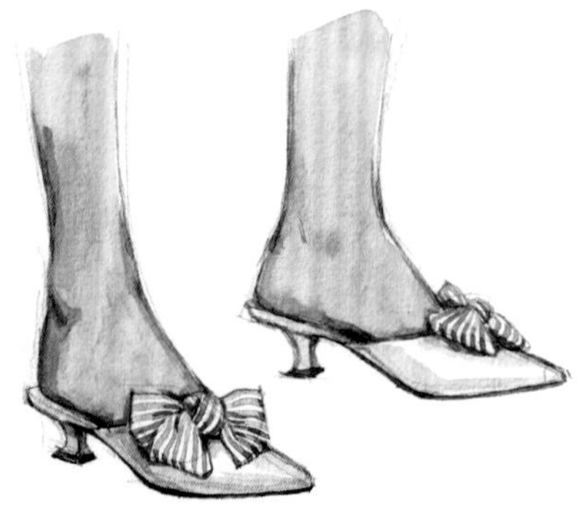

Step 01 画出线稿，注意外脚踝的突起要比内脚踝明显。

Step 02 脚部的色彩变化较少，绘制3/4角度时需要通过强化外脚踝结构来区分双脚。

Step 03 绘制的最后阶段需要强调鞋底厚度和深入描绘鞋子的装饰物。

8.2.3 中等高度缎面鞋

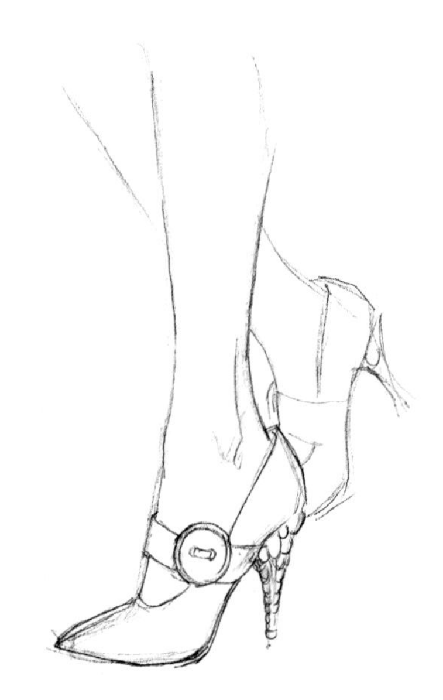

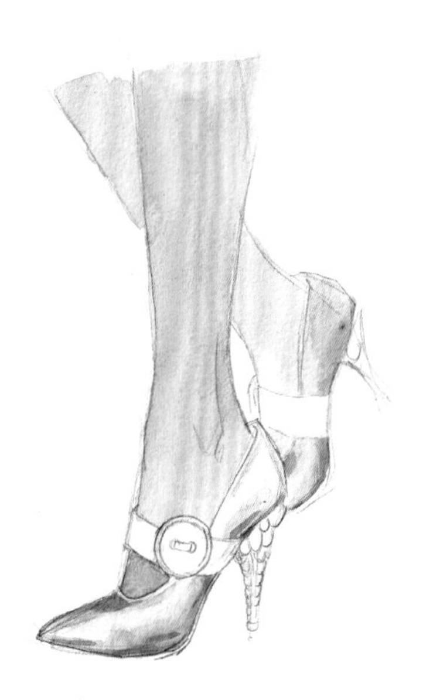

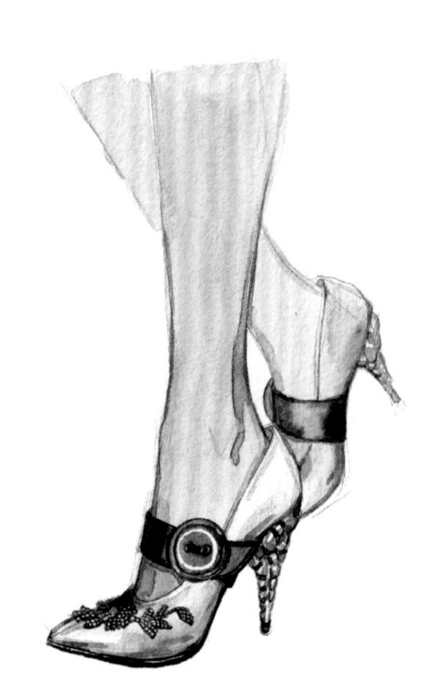

Step 01 画出线稿，注意中等高度高跟鞋的脚背足弓处厚度，与鞋后跟的松量。

Step 02 用生赭石+玫瑰茜红，画出前方腿部。在中性肤色中混入少量群青，填涂后侧腿部。用少量水薄涂鞋子，趁湿蘸取土耳其蓝，晕染鞋面部分。待画面干燥后，混入少量靛蓝，加深鞋面及鞋底区域。

Step 03 用绘墨紫色系勾画出鞋带与鞋跟，用氧化铬绿勾画出鞋带的大纽扣。

8.2.4 男士马丁靴

Step
01

画出马丁靴的线稿，注意鞋带的交替穿插与宽度。

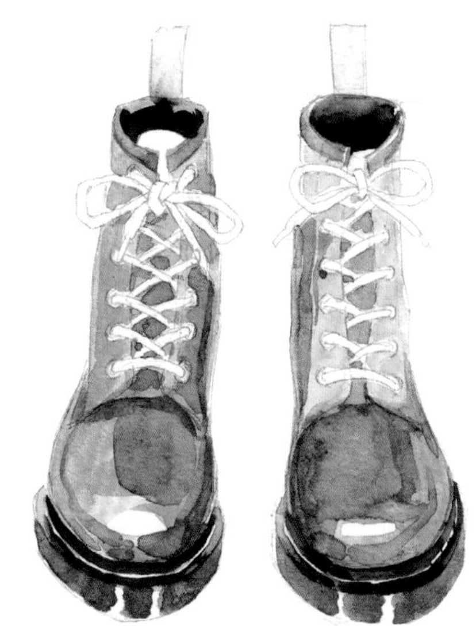

Step
02

用透明氧化铁薄涂靴子部分，用深褐色与深棕色画出鞋底。

Step
03

用白墨水勾勒出鞋底上线的线迹。

Step
04

用阴影紫画出鞋带的深浅层次。

马丁靴的绘制要点

高光需要预先留出，鞋带与鞋底缝线等细节要在最后一步深入完成。表现光滑材质的时候，可以使用范例中这种层层叠深、笔触明显的干画法。

范例用纸：康颂 1557 木浆纸

这种水彩纸能够表达出清晰的笔触，但不适用于水彩的深度表现。

8.2.5 女士高筒靴

高筒靴类似于紧身裤子，在绘制的时候要注意留出松量，褶纹主要集中于膝盖下方、膝盖后方、脚踝上部等关节处。

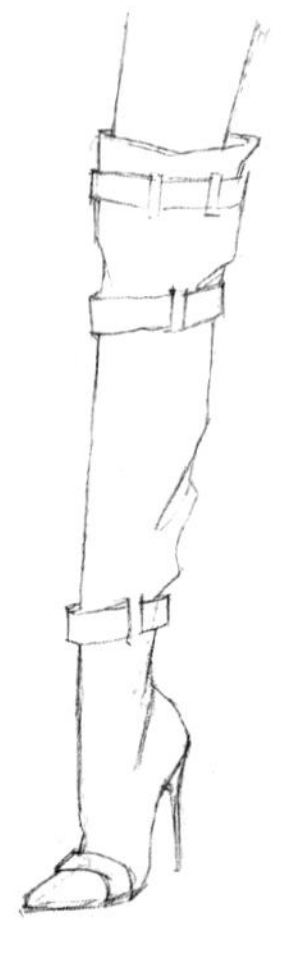

Step 01 画出高筒靴的基本款式特征，注意松量与褶皱出现的区域。

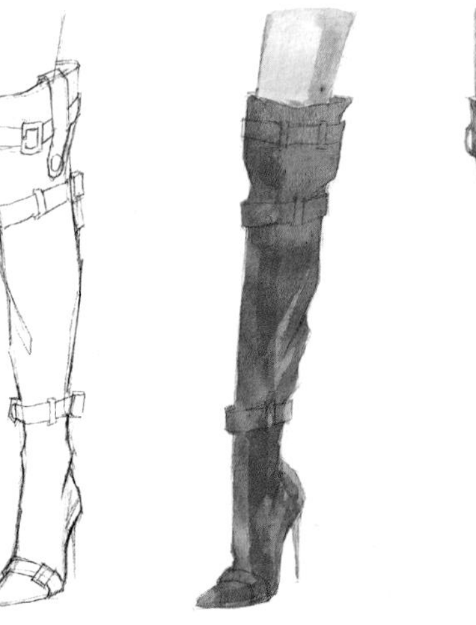

Step 02 用猩红色淀＋少量水，薄涂靴子区域。

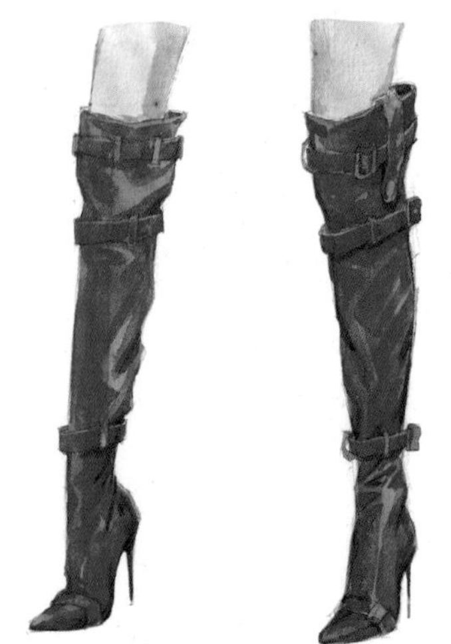

Step 03 用猩红色淀＋少量紫红描绘出靴子的阴影区域。

Step 04

用猩红色淀＋氧化紫＋少量靛蓝，勾勒出靴子的最深色，使靴子的款式细节更加明晰。

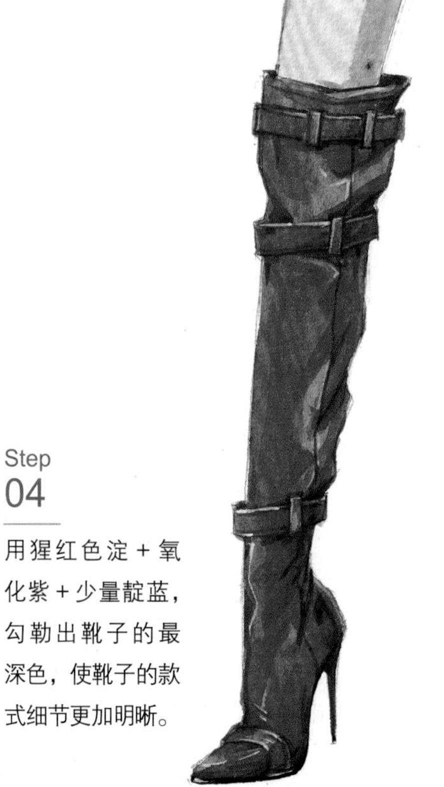

8.3 包包

8.3.1 手拿包

Step 01 勾画出手拿包线稿，注意格纹的起伏与厚度。

Step 02 用虎克绿＋靛蓝＋水，进行手拿包的薄涂铺色。在半湿不干的时候，用湿画法画出包与袖口处的阴影起伏。

Step 03 用虎克绿＋靛蓝，逐一采用绗缝肌理表现的手法绘制格子的起伏明暗关系，并留出浅绿色的细边。

Step 04 用虎克绿＋普兰，绘制包表面格纹起伏的阴影，在格纹之间留出浅色边缘。用深肤色刻画手部。用群青＋少量生赭石，画出包袋金属扣。

Step 05 用靛蓝色条纹表现袖口毛衫肌理。完善手部细节。用白墨水＋水，提亮手包的边缘，加强包带的厚度层次。

8.3.2 流苏斜挎包

Step 01 画出包包线稿，注意包两侧流苏的厚度与形态。

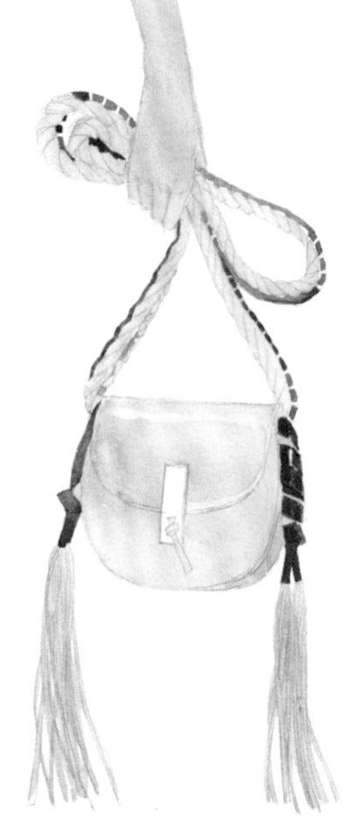

Step 02 用绘墨紫色系＋水，薄涂包、肩带及流苏。用花红＋浅镉红，画出编织线条。

Step 03 用绘墨紫色系＋水，进一步叠深肩带、包体与流苏的阴影区域。

Step 04 用绘墨蓝色系画出包盖处的金属五金扣。

Step 05 用绘墨紫色系画出包体上的缝迹线细节。

8.3.3 皮革与草编斜挎包

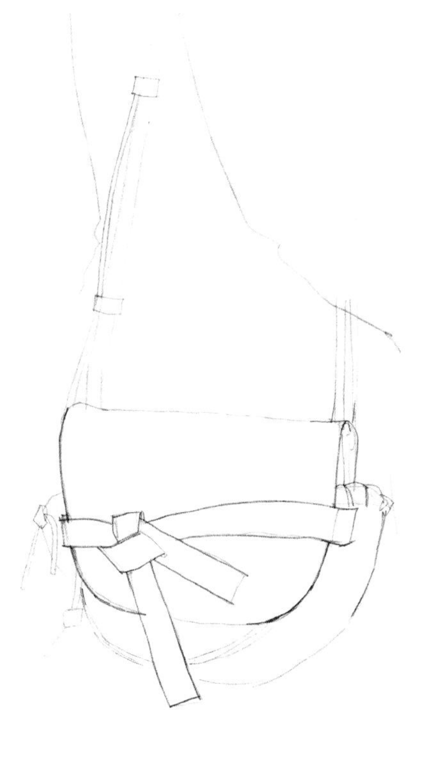

Step
01

画出包包线稿。

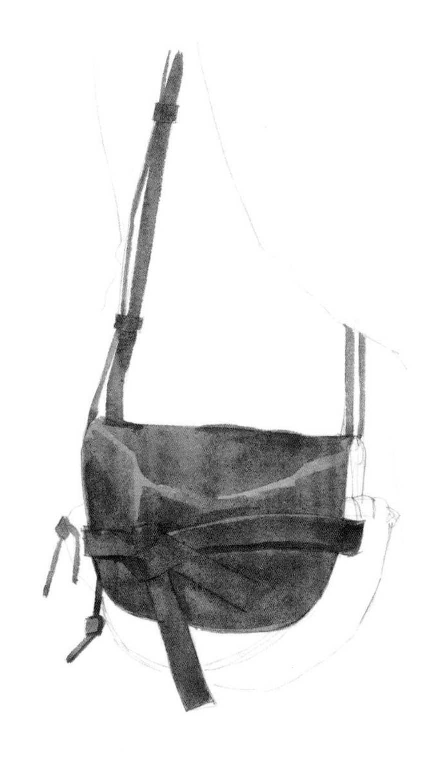

Step
02

用透明氧化铁+少量氧化紫，以湿画法画出包盖与肩带。

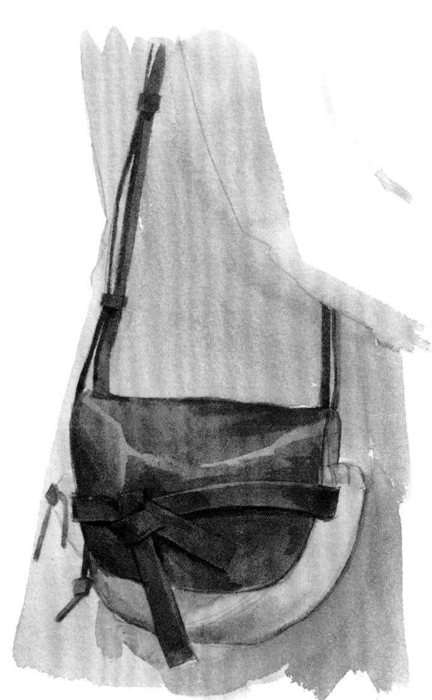

Step
03

用绘墨蓝色系+少量群青，薄涂服装区域。用生赭石薄涂包底部，并趁湿加入少量紫红与群青。用深褐色勾勒出包盖结构。

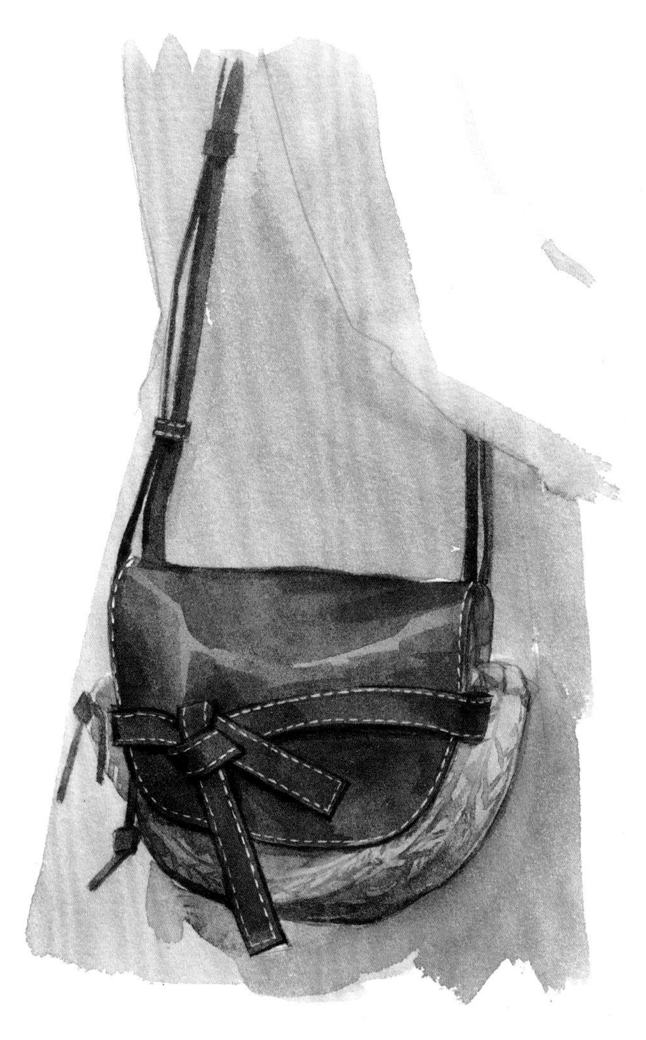

Step
04

用赭石画出包下部的草编结构，画面未干时在包的下方加入靛蓝与紫红进行混色。用白墨水提亮包盖与肩带上的缝线。

8.4 太阳镜

8.4.1 男士超黑墨镜

Step
01

画出人物线稿，在基础线稿上加入眼镜，注意左右镜片的透视关系。

Step
02

为肌肤铺色时，要趁湿在侧脸与右侧后颈处加入冷肤色，表达人物的空间感。

Step
03

用浅褐色与熟褐勾画头发的层次。用生赭石+紫红，加深眼镜落在皮肤上的阴影。用浅镉红+少量紫红，画出唇部。用生赭石+靛蓝+少许紫红+水，薄涂衣领区域。

Step
04

用阴影紫画出墨镜的镜片部分，注意右侧镜片的笔触变化。

Step

05

用象牙黑勾勒出眼镜架。

Step

06

用白墨水提亮镜架结构的高光，用生赭石＋群青，填涂眼镜腿上的金属扣，注意要留出高光。耳朵上方的镜架色彩要浅一些。

8.4.2 女士半透明大框眼镜

Step
01

画出人物线稿。

Step
02

明确发缕的基本脉络，并加入眼镜框。

Step
03

薄涂中性肤色与深肤色，眼镜落在面颊上的阴影也要适当加深。

Step
04

用中性肤色＋紫红，画出眼镜内框的肌肤色彩，加深镜片落在脸颊处的阴影。

Step
05

待画面干燥后，用虎克绿+水，在镜片处叠色，趁湿用靛蓝加深镜片上方，产生深浅渐变的效果。

Step
06

用靛蓝+虎克绿，勾画镜框。用浅绿在镜片落在面颊的阴影区域少量叠色。用花红+暗紫色，进一步加深墨镜下方的投影。选择白墨水提亮镜架的高光。

8.5 首饰

8.5.1 优雅黑色系多重项链

Step
01

绘制出人物线稿和首饰的外框线，完善与丰富首饰的线稿。

Step
02

用中性肤色铺色，在首饰区域加深肤色。

Step
03

加深面部的眼窝、鼻底、下唇阴影与下巴下方。

Step
04

深入刻画面部细节。由于颈部首饰较为复杂，所以头发要进行简化表现。

Step 05 用绘墨紫色系 + 水，画出首饰的底色。

Step 06 用绘墨紫色系加深首饰结构，并用群青 + 少量生赭石，画出珠子的影调。用花红色加深首饰落在皮肤上的阴影。

Step 07 用白墨水提亮首饰的高光与珠子的反光。

8.5.2 华丽复古头饰

Step 01 画出人物线稿，注意头部与颈部、肩部的关系。

Step 02 用生赭石＋玫瑰茜红，薄涂肌肤区域，注意颧骨处为高亮区。

Step 03 用花红＋中性肤色，加深眼窝、鼻底、唇颏沟及首饰落在皮肤上的阴影。

Step 04 用透明氧化铁与深褐色，以湿画法勾画出头发的明暗层次及眉毛。用阴影紫勾画出人物的眼线及睫毛。

Step 05 用白墨水勾画出耳坠上的格纹装饰。右侧的耳坠由于离得远，要简化表现。

Step 06 用暗紫色加深耳坠上白色网格的阴影，体现层次感。用金色墨水提亮头饰的金属结构与部分外框线。

读者服务

读者在阅读本书的过程中如果遇到问题，可以关注“有艺”公众号，通过公众号与我们取得联系。此外，通过关注“有艺”公众号，您还可以获取更多的新书资讯、书单推荐、优惠活动等相关信息。

扫一扫关注“有艺”

资源下载方法：关注“有艺”公众号，在“有艺学堂”的“资源下载”中获取下载链接，如果遇到无法下载的情况，可以通过以下三种方式与我们取得联系。

1. 关注“有艺”公众号，通过“读者反馈”功能提交相关信息；
2. 请发邮件至 art@phei.com.cn，邮件标题命名方式：资源下载 + 书名；
3. 读者服务热线：（010）88254161~88254167 转 1897。

投稿、团购合作：请发邮件至 art@phei.com.cn。